KB057659

멘사 추리 퍼즐
4

IQ 148을 위한

MENSA
멘사 추리 퍼즐 ④
PUZZLE

멘사코리아 감수

폴 슬론 · 데스 맥헤일 지음

보누스

평범한 사고의 틀을 벗어나라

모든 현상에는 원인이 있다. 이유 없이 생기는 일은 없다. 그 이유는 단순할 수도 있고 복잡할 수도 있지만, 우리가 살아가는 세상을 이해하고 인간을 이해하려면 그 원인을 먼저 파악해야 한다. 여러분은 어떤 방식으로 주변의 대상을 인식하고 이해하는가? 대부분의 사람들은 나름대로 추측한 내용을 바탕으로 쉽게 결론을 내리거나, 이전의 경험에 비추어 '그때랑 비슷하겠지'라고 간단히 단정지어버린다. 이렇게 선입견에 얽매인 사고방식은 사건의 이면에 숨겨진 진실을 놓치게 만든다.

아메리카 원주민들은 말을 타고 있는 사람을 처음 보고는 머리가 두 개에 발이 네 개, 팔이 두 개 달린 새로운 생명체가 나타났다고 생각했다고 한다. 아마도 달리 설명할 길이 없었을지도 모른다. 이는 마치 그 옛날, 지구가 평평하고 태양이 지구를 돌고 있다고 생각하던 시절에 지구가 둥글다는 사실을 상상도 할 수 없었던 사람들과 같다. 하지만 너무나도 당연하다 생각했던 진실이 실은 거짓으로 드러날 때도 많다.

이 책의 문제를 풀 때도 마찬가지다. 이 책의 문제들은 평범한 사고의 틀을 벗어나면서도 논리적으로 생각할 수 있는 사람만이 풀 수 있다. 문제를 보고 가장 먼저 떠올리게 되는 '뻔한' 이유만으로는 정답을 맞힐 수 없다. 여러 가지 가정을 확인하기 위해 질문을 던지고, 다양한 관점에서 생각해야 하며, 자료와 근거를 모아서 그것을 바탕으로 상상력을 발휘해야 한다. 이것이 바로 수평적 사고이다. 수평적 사고 퍼즐들은 창조적이고 논리적인 사고력은 물론이고 문제 상황을 타파할 수 있는 끈기와 탐구심을 기르는 데 도움을 줄 것이다.

문제들을 풀면서 조급증을 느낄지도 모른다. 그렇다고 해답을 바로 찾지는 말자. 문제를 찬찬히 읽고 가설을 세워보자. 가설들을 하나하나 확인해가는 과정은 진실의 계단에 오르는 것과 같다. 정답을 찾을 길이 도저히 보이지 않을 때에는 힌트를 참고해도 되지만 되도록이면 혼자 힘으로 답을 찾아보기 바란다. 이 책의 문제를 다 풀고 나면 논리력과 창의력, 그리고 날카로운 상황 판단력으로 무장된 수평적 사고력이 생겨날 것이다.

폴 슬론·데스 맥헤일

일러두기

페이지 위쪽에 문제의 난이도를 별표 1~4개로 표시했습니다. 별표가 많을수록 문제의 난도가 높습니다. 또한 아래쪽의 쪽 번호 옆에는 해결, 미해결을 표시할 수 있는 공간을 마련해두었습니다. 이 책의 해답란에 실린 내용 외에도 다양한 답이 있을 수 있음을 밝혀둡니다.

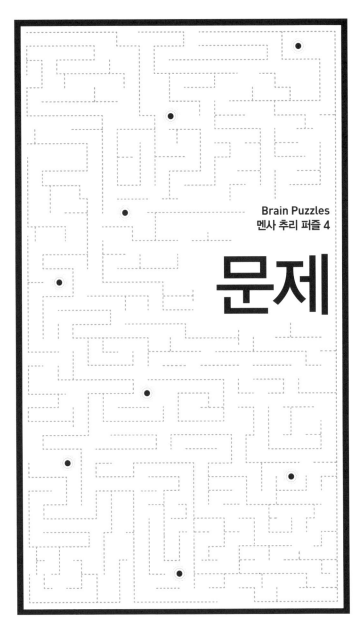

Brain Puzzles
멘사 추리 퍼즐 4

문제

문제 001 종이 위의 화살표

한 여자가 종이 위에 화살표를 그리더니, 잠시 후에 그 종이를 버렸다.

　왜 그랬을까?

| 단서 |

1. 화살표는 일종의 표식이었다.
2. 다른 사람들에게 보여주기 위해 그린 것은 아니다.
3. 여자는 무언가를 시험하는 중이었다.
4. 종이 또는 펜의 성능을 시험하려고 한 것은 아니었다.

답: 172쪽

문제 002 | 벤이 달라졌어요

버릇없고 성격도 급한 데다가 퉁명스러운 성격의 벤이 사람들과 함께 공원으로 소풍을 갔다. 벤과 일행들은 통나무 위에 둘러앉아 함께 점심을 먹었다. 잠시 후 자리에서 일어나려는데, 갑자기 벤이 깍듯한 말씨로 일행들을 챙기기 시작했다. 심지어 그는 모든 사람들이 차에 다 탈 때까지 지켜보며 기다리기까지 했다.

벤이 갑자기 태도를 바꾼 이유가 무엇일까?

| 단서 |

벤은 자리에서 일어나면서 뭔가를 알아챘으며, 남들을 배려해서가 아니라 자기 자신을 위해 돌연 태도를 바꿨다.

답: 172쪽

안 봐도 안다

좋아하는 음악을 들으며 운전하던 남자가 카세트 버튼을 잘못
누르는 바람에 테이프가 카세트에서 나와 바닥으로 떨어졌다.
남자는 음악을 계속 듣고 싶었지만 옆에는 부탁할 사람도 없고,
운전에 집중해야 했다. 게다가 바닥에는 다른 테이프도 여러 개
떨어져 있어서 방금 전에 듣던 테이프를 찾아내기가 쉽지 않을
듯했다. 그런데도 남자는 도로에서 눈을 떼지 않은 채 바닥에 있
는 여러 개의 테이프 중 방금 전에 떨어뜨린 테이프를 골라냈다.
　과연 어떤 방법을 썼을까?

| 단서 |

1. 좌석 아래에 떨어져 있는 테이프들은 모양과 크기가 모두 똑
　같았다.
2. 남자가 떨어뜨린 테이프는 거의 다 들은 상태였다.
3. 남자는 아래를 내려다보지 않고 손에 닿는 느낌만으로 테이
　프를 가려냈다.

답: 172쪽

문제 004 마음이 안 맞는 부부

어떤 부부에게 각각 종이 한 장씩을 주고 어떤 것을 의미하는 숫자를 적게 했다. 그런데 남편은 8549176320을, 아내는 8549017632를 적었다.

부부가 적은 숫자는 무슨 뜻이며, 왜 남편과 아내가 다른 숫자를 적었을까?

| 단서 |

1. 부부가 적은 숫자는 전화번호나 계좌번호가 아니다.

2. 부부는 똑같은 질문을 받고 그 답으로 숫자를 적었다.

3. 부부는 각자 알고 있는 순서대로 숫자를 적었다.

4. 남편과 아내는 서로 국적이 달랐다.

5. 남편과 아내는 같은 언어를 썼다.

답: 172쪽

문제 005 삭발 투혼

성실한 모범생들인 중학생 스무 명이 갑자기 단체로 머리를 삭발하고 등교했다.

왜 그랬을까?

| 단서 |

1. 학생들은 매우 절친한 사이였다.
2. 못된 장난을 치려거나 반항심에서 삭발을 한 것은 아니다.
3. 학생들이 삭발을 한 것은 선의의 행동이었다.
4. 학생들은 아프거나 병에 걸리지 않았다.

답: 172쪽

문제 006 다시 돌아오다

직장에서 해고된 남자가 다음 날 아침 일찍 자신이 다니던 직장으로 다시 출근했다.

왜 그랬을까?

| 단서 |

1. 남자는 자신이 해고되었다는 사실을 분명히 알고 있었다.
2. 직장에서 마무리해야 할 일이 있었던 것은 아니다.
3. 부당한 해고에 화가 나서 찾아간 것은 아니다.
4. 남자는 정당한 사유로 해고되었으며, 현재 미취업 상태다.
5. 남자가 다녔던 직장에서는 해고된 남자에게 적합한 서비스를 제공했다.

답: 172쪽

문제 007 조카는 몇 명?

★☆☆☆

질에게는 여자 형제가 세 명 있다. 이 여자 형제들에게는 각각 세 명의 자녀들이 있다. 다정다감한 성격의 질은 조카들의 생일이 되면 잊지 않고 생일카드를 보내주었다. 올해 역시 전부 열한 통의 생일카드를 보냈다고 한다.

왜 열한 통일까?

| 단서 |

1. 질은 미혼이며, 결혼한 적이 없다.
2. 질은 같은 조카에게 생일카드를 중복해서 보내지 않았다.
3. 조카들은 질이 보낸 생일카드를 각각 한 번씩 받았다.
4. 날짜계산법 혹은 그 밖의 특별한 이유로 생일을 두 번 이상 맞은 조카는 없다.

답: 173쪽

문제 008 식사 인터뷰

세계적인 자동차 회사 포드사의 설립자인 헨리 포드(Henry Ford. 1863~1947)는 회사의 중역을 뽑을 때마다 빼놓지 않고 특별한 절차를 거쳤다. 바로 후보자와 함께 식당에 가서 수프를 먹는 것이다.

왜 그랬을까?

| 단서 |

1. 후보자들의 식사 예절을 관찰하기 위한 것은 아니었다.

2. 함께 수프를 먹는 것은 일종의 적성 검사였다.

3. 헨리 포드는 후보자들이 수프를 먹기 전에 어떤 행동을 하는지를 유심히 관찰했다.

4. 헨리 포드는 매사를 분석한 뒤 행동에 옮기는 사람을 채용하려 했다.

답: 173쪽

날씨에 민감한 죄수

어떤 죄수가 창문도 없고 라디오, 텔레비전, 전화도 없는 독방에 갇혔다. 이 독방은 늘 같은 온도로 난방이 되며, 이곳에 들어간 죄수는 간수에게 말을 걸지 못하게 되어 있다. 그런데도 죄수는 바깥 날씨가 춥다는 사실을 알 수 있었다.

과연 어떻게 알았을까?

| 단서 |

1. 죄수는 독방에서 나간 적이 한 번도 없다.
2. 죄수는 눈에 보이는 무언가를 통해 바깥 날씨를 알았다.
3. 감옥의 바닥이나 벽, 천장을 통해 바깥 날씨를 짐작하지는 않았다.
4. 독방에 있는 무언가가 바깥세상과 연결되어 있었다.

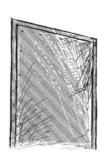

답: 173쪽

범인의 흔적

★★☆☆

한 트럭 운전사가 차창 밖으로 벽돌을 던지는 바람에 옆을 지나던 운전자 한 명이 심각한 사고를 당했다. 사고를 낸 트럭 운전사는 뺑소니를 쳤고 경찰이 곧바로 수사에 착수했다. 증거라고는 오직 현장에 떨어진 벽돌 한 장뿐이라 경찰은 벽돌에 남아 있는 DNA를 채취하여 전과자 명단 중에 DNA 정보가 일치하는 사람이 있는지를 조사하기로 했다. 하지만 DNA가 일치하는 사람은 발견되지 않았다. 그런데 놀랍게도 경찰은 전과자 명단을 이용해서 범인을 검거하고 말았다.

경찰은 어떻게 범인을 찾아냈을까?

| 단서 |

1. 전과자 명단과 벽돌에 남아 있는 DNA 정보가 일치하는 기록은 없었지만, 경찰은 그 정보를 이용해서 범인을 잡았다.
2. 벽돌에 남아 있는 DNA 정보와 백 퍼센트 일치하는 사람은 없었지만, 일부가 일치하는 사람은 있었다.

답: 173쪽

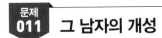

그 남자의 개성

동료 세 명은 모두 콧수염이 있는데 유독 혼자서만 콧수염을 기르지 않은 남자가 있다.

그는 누구일까?

| 단서 |

이 남자는 많은 사람들이 알고 있는 친숙한 인물이다. 하지만 실존 인물은 아니다.

답: 173쪽

문제 012 꼼짝 마!

부부가 나란히 앉아 음료수를 마시며 편안한 시간을 보내고 있었다. 그런데 두 사람 모두 갑자기 벌떡 일어서더니 양팔을 머리 위로 치켜들었다.

왜 그랬을까?

| 단서 |

1. 강도에게 위협을 당했거나, 위험한 상황에 처하지는 않았다.
2. 무언가를 연습하기 위해서 일어선 것은 아니다.
3. 박수를 치기 위해 일어선 것은 아니다.
4. 부부는 스포츠 경기를 관람하고 있었다.
5. 다른 사람들의 시선을 끌기 위한 행동은 아니었다.

답: 173쪽

문제 013 반만 쓰세요

열혈 축구팬인 남자는 자신이 좋아하는 팀의 경기를 볼 수 있는 연간입장권을 선물로 받았다. 그런데 그는 축구 시즌이 시작된 뒤 6개월 동안 연간입장권을 한 번도 쓰지 않다가 그 후 남은 모든 경기를 챙겨 봤다. 과연 왜 그랬을까?

| 단서 |

1. 남자는 6개월 동안 누군가에게 입장권을 빌려주지 않았다.
2. 남자가 좋아하는 축구팀은 시즌 내내 시합을 펼쳤다.
3. 천재지변이나 경기를 관람할 수 없는 불가항력적인 상황이 일어난 것은 아니다.
4. 남자는 연간입장권을 쓸 수만 있었다면 썼을 것이다.
5. 남자는 외출에 문제가 없는 신체 건강한 사람이다.
6. 남자는 축구 시즌 내내 자기 집에서 거주했다.

답: 174쪽

문제 014 음주운전의 비밀

경찰차가 음주운전 용의 차량을 발견하고 뒤쫓아가 차를 세웠다. 경찰관은 운전석에 앉은 남자에게 내리라고 한 뒤 음주 측정을 했다. 그런데 남자는 당황하기는커녕 피식 웃기만 했다. 검사해보니 남자는 만취 상태였다. 경찰이 남자를 체포하기 전 미란다 원칙(피의자를 체포할 때 피의자의 권리를 미리 알려주어야 한다는 원칙)을 읽어주는 동안에도 그는 여전히 웃고 있었다. 마지막으로 경찰이 "당신을 음주운전 혐의로 체포하겠다"고 말하자, 남자는 "그렇게는 안 될 겁니다"라고 답했고 그것은 틀린 말이 아니었다.

어떻게 된 일일까?

| 단서 |

1. 경찰은 현장근무 중인 진짜 경찰이었다.
2. 남자의 차는 도로를 달리고 있었다.
3. 남자는 특별한 지위에 있다거나 외교적 면책 특권을 가진 사람이 아니다.
4. 음주 측정과 남자를 체포하는 과정은 모두 합법적으로 진행되었다.
5. 남자의 차에는 다른 차들과 다른 점이 있었다.

답: 174쪽

문제 015 맛있게 드셨습니까?

어떤 부부가 고급 레스토랑을 찾았다. 이들은 맛좋은 음식과 훌륭한 분위기를 즐기며 최고의 저녁 시간을 만끽했다. 이 레스토랑은 위생 관리가 철저하기로 유명했으며 언제나 신선한 최고급 식재료만을 고집했다. 또한 손님이 특정 재료에 알레르기가 있는지도 미리 살피는 세심한 곳이었다. 그런데 부부는 이곳에서 식사를 마친 후 병이 나버렸다.

이유가 무엇일까?

│ 단서 │

1. 이 레스토랑에서 식사한 다른 손님들 중에서도 병이 난 사람들이 있다.
2. 레스토랑에서 제공한 음식과 음료에는 아무 문제가 없었다.
3. 같은 음식을 다른 곳에서 먹었다면 병이 나지 않았을 것이다.

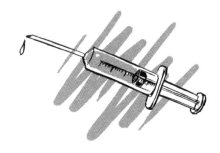

답: 174쪽

브라보, 줄리엣

선생님이 수업 시간에 한 여학생에게 "브라보, 줄리엣!"(Bravo, Juliet)이라고 말했다. 하지만 사실 선생님은 그 여학생을 칭찬하려는 생각이 전혀 없었고, 오히려 기분이 언짢은 상태였다.

그럼에도 그렇게 말한 이유가 무엇일까?

| 단서 |

1. 여학생의 이름은 줄리엣이 아니다.
2. 선생님의 기분이 언짢았던 것은 여학생이 수업 중에 실수를 했기 때문이다.
3. 선생님은 여학생에게 옳은 답을 알려주었다.

답: 174쪽

문제 017 청소부의 실수

청소부가 청소를 하다가 실수로 작은 나무 조각을 쓰러뜨렸다. 나무 조각은 진공청소기에 살짝 닿기만 했을 뿐 아무 흠집도 나지 않았지만 그럼에도 불구하고 집주인은 불같이 화를 내더니 그 자리에서 청소부를 해고했다.

대체 왜 그랬을까?

| 단서 |

1. 나무 조각은 매우 조심스럽게 다뤄야 할 물건이었다.
2. 집주인은 청소부에게 진공청소기를 쓰지 말라고 미리부터 경고했다.
3. 나무 조각이 쓰러진 바람에 중대한 일을 망쳤다.

답: 174쪽

문제 018 바지를 적신 사연

한 남자가 일부러 바지에 오줌을 쌌다.
　과연 왜 그랬을까?

| 단서 |

1. 남자는 위급 상황에서 탈출하기 위해 오줌을 쌌다.
2. 화재가 발생한 것은 아니다.
3. 무언가 얼어붙은 것을 녹이려 한 것은 아니다.

답: 175쪽

문제 019 ★★★☆

사라진 살인마

한 남자가 호텔에서 문이 하나밖에 없는 빈방으로 들어갔다. 몇 분 뒤, 한 여성이 같은 방으로 들어가더니 비명을 지르면서 뛰쳐 나왔다. 조금 전에 들어간 남자가 피를 흘린 채 죽어 있었던 것 이다. 경비원은 눈 한 번 떼지 않고 이 방의 입구를 지켜봤지만 죽어 있는 남자와 방금 전 들어간 여자 외에는 아무도 그 방에 들어가는 것을 보지 못했다고 했다.

범인은 어떻게 들어왔다가 빠져나간 걸까?

| 단서 |

1. 죽은 남자는 칼에 찔려 숨졌다.
2. 비명을 지른 여성과 경비원은 범인이 아니다.
3. 이 방의 문은 하나이며, 다른 문이나 창문은 없다.
4. 이 방의 크기는 매우 작다.

답: 175쪽

문제 020 스파이의 숨바꼭질

한 스파이가 내일 아침 경찰이 압수 수색을 벌일 거라는 첩보를 입수했다. 그런데 문제가 있었다. 자신의 집에 암호 일람표를 숨겨두었던 것이다. 경찰이 집에 들이닥치면 암호 일람표를 찾아낼 것이 분명한데 이것을 맡길 만한 사람이 없었다. 고민 끝에 그는 경찰이 집을 수색하는 동안 암호 일람표를 숨길 기발한 방법을 생각해냈다.

과연 어떤 방법일까?

| 단서 |

1. 경찰은 스파이의 집을 철저히 조사했다.

2. 경찰이 오는 날짜가 정해져 있다는 것과 관련이 있다.

3. 이 방법은 특수한 훈련을 받지 않더라도 누구나 할 수 있는 일이다.

답: 175쪽

문제 021 인기의 이유

평론가들이 모두 혹평한 형편없는 연극 한 편이 연극제작자의
기발한 아이디어 덕분에 몇 주째 인기를 끌고 있다.
　과연 그 비결은 무엇일까?

| 단서 |

1. 연극의 특징, 공연 장소, 출연 배우 등과는 아무 상관이 없다.
2. 제작자는 이 연극에 대한 호평을 인용해 연극을 홍보했으며,
   홍보 문구에 인용된 내용들을 임의로 수정하거나 왜곡하지
   않았다.

답: 175쪽

일등석은 불편해 ★★★☆

비행기를 탄 존과 제인은 이등석이던 좌석을 일등석으로 업그
레이드 받고 신나서 어쩔 줄 몰랐다. 하지만 기쁨도 잠시, 그들
은 너무나 당혹스러운 상황에 어찌할 바를 몰랐다.

　왜 그랬을까?

| 단서 |

1. 둘은 일등석에 앉아서 일등석에 제공되는 서비스를 받았다.
2. 승무원이나 승객 중에 그들을 불쾌하게 한 이들은 없었다.
3. 존과 제인은 일등석으로 업그레이드 받기 위해 거짓말을 했다.

답: 176쪽

문제 023 어둠 속에서

19세기 초, 전쟁이 한창이던 프랑스군은 상부의 명령이 적힌 문서를 어둠 속에서 빛을 비추지 않고 읽을 수 있는 방법을 찾고 있었다. 성냥불 하나라도 켰다가는 아군의 위치가 노출되어 위험에 빠질 수 있기 때문이다. 결국 프랑스 군인 샤를 바르비에(Charles Barbier)가 이 문제를 해결할 아이디어를 냈고, 이는 오늘날까지 수많은 사람들에게 커다란 편의를 제공하고 있다.

그가 제시한 아이디어는 무엇일까?

| 단서 |

1. 바르비에는 어둠 속에서도 의사를 전달할 수 있는 방법을 고안했다.
2. 그의 발명은 특정 부류의 사람들에게 도움을 주었다.
3. 그가 만든 것은 일종의 암호이다.

답: 176쪽

문제 024 가득 찬 욕조

욕조에는 물이 가득 차 있고 욕실에는 물을 퍼낼 수 있는 도구인 숟가락, 컵, 긴 고무호스, 양동이가 있다.

욕조를 최단 시간에 비우려면 어떤 도구를 사용해야 할까?

| 단서 |

욕조는 평범한 일반 욕조이다. 욕조에 가득 찬 물을 가장 빨리 없앨 수 있는 방법을 선택하라.

답: 176쪽

★★★☆

문제 025 부러진 다리쯤이야

어떤 산악인이 등반 중에 한쪽 다리가 부러지는 부상을 입고도 그대로 등반을 계속해 에베레스트 등정에 성공했다.

　그 비결은 무엇일까?

| 단서 |

1. 그의 신체에는 특별한 점이 있었다.
2. 그는 한쪽 다리가 부러지고서도 전혀 고통스러워하지 않았다.
3. 이 이야기는 역경을 딛고 일어선 산악인의 실화이다.

답: 176쪽

문제 026 경찰의 부업

경찰의 복무규정에 따르면 경찰공무원은 절대 부업을 해서는 안 된다. 그런데 한 경찰서장이 자신의 부하 직원이 경비원으로 일하고 있는 장면을 목격하고도 못 본 척했다.

왜 그랬을까?

| 단서 |

1. 경비원으로 일하던 부하 직원도 경찰서장을 보았다.
2. 부하 직원은 경찰서장이 눈감아주리라는 것을 알았다.
3. 경찰서장에게는 부하 직원을 고발하지 못할 특별한 사정이 있었다.

답: 177쪽

★★★☆

문제 027 운명의 갈림길

뉴욕에 사는 여성과 런던에 사는 여성이 똑같은 일을 겪었다. 그런데 뉴욕에 사는 여성은 기뻐한 반면, 런던에 사는 여성은 우울하기 그지없었다.

어떻게 된 일일까?

| 단서 |

두 여성은 똑같은 표현을 쓸 수 있지만, 각자에게 그 표현의 의미는 매우 다르다. 뉴욕에 사는 미국 여성은 다이어트 중이었고, 얼마 후 다이어트에 성공했다. 한편 런던에 사는 영국 여성은 전보다 가난해졌다.

답: 177쪽

문제 028 살인 동기

한 여자가 어머니의 장례식장에 찾아온 남자를 보고 한눈에 반해버렸다. 그러나 여자는 남자의 이름도, 주소도, 연락처도 알 길이 없었다. 얼마 후 여자는 자신의 여동생을 살해했다.

왜 그랬을까?

| 단서 |

1. 금전적인 문제 때문에 살인을 저지른 것은 아니다.
2. 여자에게는 합리적이고 계산적인 살해 동기가 있었다.
3. 여자는 여동생을 경쟁자로 느끼지는 않았다.

답: 177쪽

문제 029 월드컵 유니폼의 비밀

2006년 월드컵 준결승전에서 프랑스와 포르투갈이 만났다. 그런데 포르투갈 선수들이 붉은색 유니폼을 입었는데도 프랑스 선수들은 원래의 푸른색 유니폼이 아닌 흰색 유니폼을 입어야만 했다.

왜 그랬을까?

│ 단서 │

1. 프랑스 팀 선수들과 응원단은 원래의 파란색 유니폼을 입고 싶어 했다.
2. 경기 중의 보안이나 안전 문제와는 관련이 없다.
3. 응원단, 경찰, 심판의 복장과는 관련이 없다.
4. 프랑스가 아니라 포르투갈 팀이 흰색 유니폼을 입을 수도 있었다.
5. 이것은 텔레비전 방송국의 요청으로 이루어진 일이다.

답: 177쪽

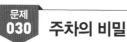

주차의 비밀

이상한 소문을 들은 휴고는 자신의 배송 트럭을 일부러 먼 곳에
세워두고 집까지 걸어갔다.

왜 그랬을까?

| 단서 |

1. 휴고가 주차를 한 때는 밤이었다.
2. 휴고는 다음 날 아침에 자신의 차를 가지러 갔다.
3. 그 이상한 소문은 휴고 자신에 대한 이야기였다.
4. 휴고는 누군가에게 복수할 생각이었다.

답: 177쪽

★★☆☆

역사 속으로 사라지다

1925년에는 2억 개나 있었던 것이 2005년에는 2만 1천 개로 줄었고, 2006년에는 모두 사라지고 말았다.

　이것은 무엇일까?

| 단서 |

1. 이것은 생물이 아니다.

2. 과거에는 이것이 일반적으로 사용되었다.

3. 한때는 생활에 꼭 필요한 것이었지만, 오늘날에는 그다지 쓸모가 없어졌다.

답: 178쪽

문제 032 총알 탄 여인

영국 런던에 거주하는 여자가 차로 운전한 지 30분 만에 프랑스 파리에 도착했다.

어떻게 이런 일이 가능했을까?

| 단서 |

1. 문제에서 말한 런던은 영국에, 파리는 프랑스에 있는 도시가 맞다.
2. 여자는 평범한 자동차로 일반 도로 위를 달렸다.
3. 영국과 프랑스의 시차와는 관련이 없다.
4. 여자는 정확히 30분간 운전했다.

답: 178쪽

문제 033 흔들어주세요

한 남자가 봉투에 든 종이 뭉치를 꺼내서 세차게 흔들고는 다시
봉투에 넣어 상대방에게 돌려주었다.

왜 그랬을까?

│단서│

1. 남자는 종이에 담긴 내용이 마음에 들지 않았다.
2. 남자는 종이 뭉치의 모든 페이지를 전부 확인하지는 않았다.
3. 남자는 종이 사이에 있을지도 모를 무언가를 없애기 위해 종
   이 뭉치를 흔들었다.
4. 남자는 출판사에 근무하는 사람이다.

답: 178쪽

문제 034 **억울한 용의자**

한 공장 직원이 살인 혐의로 체포되었다. 끔찍한 연쇄 살인사건의 용의자로 지목된 것이다. 분명 사건 현장에는 그가 범인임을 암시하는 증거가 남아 있었고, 그 뒤로 발견한 여러 차례의 사건 현장에서도 동일한 증거가 나왔다. 하지만 조사 결과 그는 사건의 진범이 아니었다.

과연 사건의 진실은 무엇이었을까?

| 단서 |

1. 그의 지문은 모든 살인사건 현장에 남아 있었다.
2. 그는 범죄를 저지르지 않았다.
3. 그는 공장에서 자신이 담당하고 있는 일 때문에 범인으로 몰렸다.

답: 178쪽

문제 035 **핏자국**

매우 더운 곳에서 홀로 생활하던 한 남자가 자기 방에서 죽은 채 발견되었다. 기이하게도 그의 몸에는 상처 자국 하나 없었지만, 벽에는 피가 한 방울 묻어 있었다.

남자는 과연 어떻게 죽었을까?

| 단서 |

1. 벽에 묻은 피는 남자의 피였다.
2. 남자가 죽었을 때 방에는 아무도 없었다.
3. 남자를 죽인 것은 사람이 아니다.
4. 남자는 벽에 핏자국을 남긴 무엇 때문에 죽었다.

답: 178쪽

문제 036 남는 장사

값비싼 제품을 만드는 회사가 있다. 이 회사에서는 새 제품을 생산할 때마다 기존에 생산한 제품을 새 제품의 생산량보다 더 많이 소비한다고 한다. 그런데도 새 제품을 만드는 과정에서 많은 돈이 생긴다고 한다.

이 회사에서 만드는 제품은 과연 무엇일까?

| 단서 |

1. 이것은 모든 사람들이 일상적으로 사용하는 것이다.
2. 이것은 상점에서는 살 수 없으며, 공짜로 얻을 수도 없다.
3. 이 회사는 이것을 만들기 위해 특별한 허가를 받아야 한다.
4. 이것은 눈으로 보고 손으로 만질 수 있는 것이다.

답: 179쪽

문제 037 대단한 등산가

한 여성이 아무런 등산 장비 없이 불과 2분 만에 해수면에서 산 정상까지 노닐했다.

어떻게 이런 일이 가능했을까?

| 단서 |

1. 여자는 온전히 혼자 힘으로 산 정상에 올랐다.
2. 여자는 정확히 해수면 높이에서 등정을 시작했다.
3. 여자가 오른 산은 특별한 지역 및 장소에 위치해 있다.

답: 179쪽

문제 038 위가 아래로

어느 날 신문 1면에 '위가 아래로'(UP GOES DOWN)라는 제목의 머리기사가 실렸다.

기사의 내용은 무엇이었을까?

| 단서 |

1. 이것은 경제 관련 기사였다.
2. '위'(UP)와 '아래'(DOWN)는 사람이나 단체, 회사의 이름이 아니며, 단어의 약자도 아니다.
3. 이 기사는 어떤 상품과 관련된 내용이었다.

답: 179쪽

문제 039 송로버섯을 찾아라

세계의 미식가들이 극찬하는 송로버섯을 아는가? 예전에는 돼지가 냄새로 송로버섯을 찾았지만 지금은 개가 그 역할을 대신한다.

왜 그럴까?

| 단서 |

1. 개가 돼지보다 송로버섯의 냄새를 잘 맡지는 않는다.

2. 돼지가 송로버섯을 찾으면 안 되는 이유가 생겼다.

답: 179쪽

문제 040 돌고래의 도움으로

1875년에 매튜 웹(Matthew Webb) 대령은 돌고래의 도움으로 영국과 프랑스 사이에 있는 영국해협을 헤엄쳐서 건넌 최초의 사람이 되었다.

그는 돌고래에게 어떤 도움을 받았을까?

| 단서 |

1. 돌고래가 길을 안내해주지는 않았다.
2. 돌고래가 그를 끌어주거나 태워주지도 않았다.
3. 영국해협을 건너려면 극도로 낮은 수온 속에서 장시간 헤엄쳐야 한다.
4. 그는 영국해협을 건너기 전에 철저한 준비를 했다.

답: 179쪽

문제 041 이상한 엘리베이터

한 남자가 호텔에 들어가 엘리베이터를 타고 10층을 눌렀다. 남자가 10층까지 올라가는 동안 엘리베이터를 타고 내리는 사람이 아무도 없었지만 문은 매 층마다 열렸다 닫혔다. 엘리베이터 안의 버튼은 10층 말고는 어떤 층도 눌러져 있지 않았다.

어떻게 된 일일까?

| 단서 |

1. 엘리베이터에는 안내원이 없었다.
2. 엘리베이터 버튼을 누른 사람은 남자뿐이었다.
3. 호텔 건물이나 남자에게 특이한 점은 없었다.
4. 이것은 특정한 날, 특정한 장소에서만 일어나는 현상이다.

답: 180쪽

문제 042 무능한 직원

대형 금융회사 직원인 노엘은 무능력하기로 소문난 사람이었다. 그는 하는 일마다 실수투성이였으며, 보고서에는 항상 오류가 있었다. 고객 상담도 제대로 못해서 상대방을 화나게 만드는가 하면, 말도 안 되는 아이디어를 내놓기 일쑤였다. 그런데도 그는 해고되기는커녕 고액 연봉을 받으면서 회사를 다니고 있다.

노엘이 회사에서 해고되지 않는 이유는 무엇일까?

| 단서 |

1. 회사 고위 관계자 중에 노엘의 친인척은 없었다.

2. 노엘이 해고되지 않는 특별한 이유가 있다.

3. 사람들은 그에게 회사 일에 대해 자문을 구했으며, 그의 자문은 회사에 큰 도움이 되었다.

답: 180쪽

문제 043 어떤 시위

같은 모임에 속한 남자들이 정부에 운전기사가 딸린 자가용을 요구했다. 이 남자들은 운전면허증을 가지고 있고 자가용을 살 형편이 안 되는 것도 아닌데, 왜 당당하게 이런 요구를 했을까?

| 단서 |

1. 이들의 요구는 법규와 관련이 있다.
2. 이들은 모두 성직자라는 같은 직업을 갖고 있다.

답: 180쪽

문제 044 결사반대

어느 지역에서 쓰레기 매립지 선정 문제를 놓고 뜨거운 논쟁이 벌어졌다. 처음에는 많은 환경론자들이 거세게 반대했지만 차츰 행정기관의 설득에 넘어가 이견이 좁혀지는 듯했다. 그런데 그때까지도 유독 한 여성만이 강력하게 반대 의사를 표명했다.

여자가 반대한 이유는 무엇일까?

| 단서 |

1. 자기 가족이나 현재 살고 있는 집 혹은 개인적인 이유로 반대한 것은 아니다.
2. 여자는 쓰레기 매립지에서 일하게 될 예정은 아니다.
3. 여자가 매립지 선정에 반대한 것은 안전상의 이유 때문이다.
4. 여자가 현재 일하고 있는 직장과 관련이 있다.

답: 180쪽

문제 045 평균 이하

매우 정확한 타를 구사하지만, 골프 매너라고는 눈곱만큼도 없는 남자가 같은 코스를 하루에 두 번 돌았다. 그의 컨디션은 하루 종일 똑같았지만, 오전에는 66타를 기록한 반면 오후에는 77타라는 저조한 성적을 기록했다.

왜 이런 차이가 생겼을까?

| 단서 |

1. 점심을 잘못 먹어서 오후 경기에 지장이 생긴 것은 아니다.
2. 남자는 오후 경기에서도 정확한 타를 구사했다.
3. 자신의 나쁜 골프 매너 때문에 저조한 성적이 나왔다.

답: 180쪽

이상한 스타일

★★★☆

비싼 구두를 산 여자가 일부러 한쪽 구두 굽을 0.5센티미터나 잘라내고 신었다.

왜 그랬을까?

| 단서 |

1. 여자의 양쪽 다리 길이는 똑같았다.

2. 여자의 신체에 특이한 점은 없었다.

3. 여자는 상당히 유명한 사람이다.

4. 한쪽 굽을 잘라낸 것이 여자의 일에 큰 도움을 주었다

답: 181쪽

한 스파이가 자신의 동료 스파이에게 건네주어야 할 서류를 놓고 고민에 빠졌다. 다른 스파이들이 눈치채지 못하게 서류를 전달해야 했기 때문이다. 우편으로 보내자니 서류를 분실할 위험이 있고, 보관함을 이용하자니 이번에는 보관함 열쇠를 전달할 방법이 걱정이었다.

그는 어떻게 서류를 전달했을까?

| 단서 |

1. 동료에게 직접 서류를 전달하지는 않았다.
2. 그가 동료에게 서류를 전달하는 모습을 본 사람은 없다.
3. 그는 서류를 가방 안에 넣었다.
4. 그는 다른 사람에게 의심받지 않고 가방을 들고 갈 수 있는 장소를 찾았다.

답: 181쪽

문제 048 위험한 병마개

헐거워진 병마개 때문에 한 남자가 죽었다.
  어떻게 된 일일까?

| 단서 |

1. 남자는 자신의 아내를 죽이기 위해 치밀한 계획을 세웠으나
   결국 자신이 죽고 말았다.
2. 남자가 죽은 원인은 독 때문이었다.

답: 181쪽

문제 049 **석궁을 든 소방관**

소방관이 석궁을 들고 있다.
　무슨 이유 때문일까?

│ 단서 │

1. 소방관은 취미로 석궁을 쏘는 것이 아니다.

2. 소방관이 석궁을 들고 있는 것은 화재 진압과 관련이 있다.

3. 모든 종류의 화재에 석궁을 사용하지는 않는다.

4. 소방관은 특정 화재 지역에서 특정 대상을 맞출 때 석궁을 사용한다.

답: 182쪽

문제 050 난도질

친구들이 돈을 모아서 한 남자에게 옷을 사줬다. 그런데 몇 시간 뒤에 다른 친구가 오더니 가위로 그 옷을 싹둑싹둑 잘라버리는 것이 아닌가. 남자는 새 옷이 난도질을 당했음에도 불구하고 무척 기뻐했다.

어떻게 된 일일까?

| 단서 |

1. 남자는 친구들이 사준 옷을 보고 좋아하지 않았다.
2. 친구들이 사준 옷은 상의였다.
3. 친구들이 남자에게 옷을 사준 것은 특별한 행사와 관련이 있다.
4. 남자는 곧 결혼식을 올릴 예정이었다.

답: 182쪽

성경의 '이것'

사람들은 성경에 언급된 이 존재들은 '이것'을 가지고 있다고 믿는다. 하지만 성경 어디에도 그런 말은 적혀 있지 않다.

이들은 누구이며, 이들이 가지고 있다는 '이것'은 무엇일까?

| 단서 |

1. 이들은 신약과 구약에 모두 언급되어 있다.
2. 이들은 예언자나 사도, 성자, 순교자는 아니다.
3. 이들은 인간이 아니다.
4. 성경을 소재로 한 회화 작품에서 이들의 모습을 묘사하고 있지만, 성경에 근거한 모습은 아니다.

답: 182쪽

문제 052 운전자 없는 차

어느 비 내리는 밤, 한 남자가 히치하이킹을 하려고 한참을 도로변에 서 있었다. 마침내 겨우 차 한 대가 멈춰 섰고, 남자는 반가운 마음에 얼른 차에 올라탔다. 그런데 뭔가 이상했다. 움직이고 있는 차의 운전석에 아무도 없는 것이 아닌가! 남자는 어찌할 바를 몰라 당황하기 시작했고 설상가상으로 눈앞에 커브길이 나타났다. 그때 운전석 측의 창문에서 손 하나가 나오더니 핸들을 꺾어 커브를 돌았다. 운전자 없는 차는 이렇게 운행을 계속했고, 커브가 나올 때마다 똑같은 손이 나와서 핸들을 돌렸다.

마침내 차가 멈춰 서자 남자는 도망치듯 차에서 빠져나와 근처에 있는 술집으로 뛰어 들어갔다. 남자는 위스키 한 병을 시킨 후 술집에 있는 사람들에게 "내가 무슨 일을 겪었는지 알기나 해?"라고 하면서 호들갑을 떨었다. 이때 뒤이어 술집으로 들어온 두 사람이 남자를 향해 다가와서 말을 건넸다.

과연 뭐라고 말했을까?

| 단서 |

1. 누군가가 장난을 친 것은 아니었다.
2. 남자가 탄 것은 진짜 자동차였으며, 아주 천천히 움직였다.

답: 182쪽

문제 053 바로 그날

두 사람에게 날짜가 적혀 있지 않은 동일한 신문기사를 보여주면서 "이 사건이 일어난 날짜를 맞혀보라"고 했다. 그런데 한 명은 날짜를 말하지 못했고 다른 한 명은 정확한 날짜를 맞혔다.

어떻게 맞혔을까?

| 단서 |

1. 두 사람의 나이, 경험, 기술 등은 모두 똑같다.
2. 날짜를 맞힌 사람이 역사적 사건에 대한 지식이나 시사 상식이 더 풍부하지는 않다.
3. 해당 신문기사의 내용과는 관련이 없다.
4. 두 사람 모두 똑같은 신문기사를 받았지만, 한 사람이 더 많은 정보를 받았다.

답: 182쪽

문제 054 도둑이 도둑을 만났을 때

밥은 휴가를 맞아 며칠 동안 집을 비웠다. 그런데 밥이 없는 사이 이 집을 노린 좀도둑 덕분에 더 큰 도둑을 막을 수 있었다.

무슨 일이 있었던 걸까?

| 단서 |

1. 좀도둑은 다른 도둑이 어떤 계획을 세우고 있는지 몰랐다.

2. 좀도둑은 자신이 큰 도둑을 막았다는 사실을 알지 못했다.

3. 좀도둑은 이 집 물건 중에 별로 비싸지 않은 것을 훔쳐갔다.

답: 183쪽

문제 055 이것은 무엇일까?

이것은 본래 시곗바늘의 위치를 기준으로 만들어졌으며, 약간 변형되어 사용되고 있다. 오늘날에도 여전히 쓰이고 있으며, 텔레비전에서도 종종 볼 수 있는 이것은 무엇일까?

| 단서 |

1. 이것은 시곗바늘의 분침에서 유래되었지만 시간을 재는 도구는 아니다.
2. 이것은 세계적으로 인기 있는 운동 경기와 관련이 있으며, 일종의 점수 기록 방법으로 사용된다.

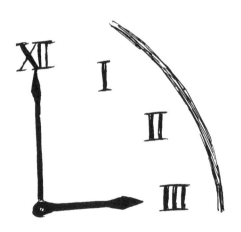

답: 183쪽

문제 056 손을 든 이유

한 여자가 남자의 손을 들어 그의 얼굴로 가져갔다.
왜 그랬을까?

| 단서 |

1. 여자는 남자를 도우려 했다.
2. 이것은 일종의 검사이다.
3. 이 검사는 몸 상태를 확인하기 위해 흔히 행해진다.

답: 183쪽

문제 057 마음을 바꾼 이유

한 여자가 고가의 상품을 사려고 매장에 들어갔다가 물건은 사지 않고 몹시 화를 내며 매장을 나왔다. 여자는 이런 모욕을 당하기는 처음이라면서 다시는 오지 않겠다고 말했다. 그런데 그토록 화를 냈던 여자가 한 시간쯤 후에 다시 나타나 원래 사려고 했던 물건을 사 가지고 나갔다.

여자는 왜 이런 행동을 했을까?

| 단서 |

1. 여자는 가격을 놓고 흥정하지 않았다.
2. 여자는 현금으로 물건을 구매하려 했고, 매장에서도 기꺼이 현금을 받으려 했다. 그런데 여자는 계산 과정 중 화를 내며 매장을 나갔고, 잠시 후에 다시 돌아왔다.
3. 여자는 사기꾼이었다.

답: 183쪽

문제 058 정육면체 테스트

한 여자가 정육면체 두 개를 물이 담긴 컵 속에 넣었다.
왜 그랬을까?

| 단서 |

1. 여자가 물속에 넣은 것은 사각얼음이나 각설탕은 아니다.
2. 여자는 이 물을 마실 생각이 없었다.
3. 여자가 정육면체를 물에 담근 것은 큰돈을 잃지 않기 위해서
   이다.

답: 184쪽

문제 059 난폭운전

택시 뒷좌석에 앉은 승객이 기사에게 물어볼 말이 있어 그의 어깨를 두드렸다. 그러자 지레 겁을 먹은 택시 기사가 소리를 지르며 이성을 잃고 난폭운전을 하기 시작했다. 아슬아슬하게 버스를 피한 택시는 급기야 인도로 뛰어들더니 가게의 진열장을 들이박기 직전에 가까스로 멈춰 섰다.

택시 기사는 놀란 손님에게 뭐라고 말했을까?

| 단서 |

1. 택시 기사가 이 같은 행동을 한 것은 손님이 어깨를 두드렸기 때문이다.
2. 손님은 택시에 타서 행선지를 말한 뒤 택시 기사와 한마디도 하지 않았다.
3. 택시 기사는 경력이 얼마 되지 않은 신출내기였다.

답: 184쪽

문제 060 가장 빠른 남자

조는 어떤 종류의 탈것도 이용하지 않고 시속 988킬로미터가 넘는 엄청난 세계신기록을 달성했다.

그가 도전한 것은 무엇일까?

| 단서 |

조의 기록은 그가 움직인 속도를 기준으로 측정된 것이다. 하지만 걷기나 달리기, 멀리뛰기는 아니다.

답: 184쪽

문제 061

사면초가

당신은 지금 운전대 앞에 앉아 있다. 오른쪽은 자칫 잘못하면 굴러떨어질 것 같은 내리막이고, 왼쪽에는 소방차가 달리고 있다. 앞쪽에는 말이 가로막고 있으며 뒤쪽에서는 코끼리가 쫓아오고 있다. 빠져나가고 싶어도 모두가 같은 속도로 움직이고 있어서 추월할 수가 없다.

어떻게 하면 차를 세울 수 있을까?

| 단서 |

어디에서 이런 상황을 볼 수 있을지 생각해보라. 이 차를 운전하는 데는 면허증이 필요하지 않으며, 이것은 놀이의 일종이다.

답: 185쪽

문제 062 종업원의 상술

신발 가게에서 신발을 신어보던 여자 손님이 종업원에게 "한 치수 큰 신발을 보여달라"고 말했다. 그런데 종업원은 손님의 말과 반대로 일부러 한 치수 작은 신발을 창고에서 꺼내 왔다.

왜 그랬을까?

| 단서 |

1. 종업원은 손님에게 신발을 팔기 위해 이런 행동을 했다.
2. 손님이 찾는 한 치수 큰 신발이 창고에 없었다.
3. 손님은 결국 물건에 만족하고 구입했다.

답: 185쪽

문제 063 애완동물의 꾀병

애완동물이 심하게 기침을 하여 주인이 애완동물을 데리고 동물병원으로 갔다. 그런데 의사 말로는 아무 이상이 없다고 한다. 어떻게 된 일일까?

| 단서 |

1. 수의사는 애완동물의 기침이 심하다는 사실을 인정했다.

2. 애완동물의 건강에는 이상이 없었다.

3. 이 애완동물은 새였다.

4. 이 애완동물은 다른 동물들에게는 없는 특기를 가지고 있었다.

답: 185쪽

문제 064 종이와 연필의 용도

미국 아이다호에 있는 한 나이트클럽에서는 입장하는 모든 손님들에게 종이와 연필을 준다고 한다.

왜일까?

| 단서 |

1. 종이와 연필이 손님들이 서로 의사소통을 하는 데 필요한 것은 아니다.
2. 나이트클럽 안에서 퀴즈게임이 열리거나, 종이와 연필을 사용해 무언가를 적을 일은 없다.
3. 나이트클럽 홍보를 위한 것은 아니다.
4. 이 나이트클럽은 영업 허가를 받는 과정에서 문제가 있었다.

답: 185쪽

문제 065 그 남자의 연애방정식

두 남녀가 서로 첫눈에 반했다. 남자와 여자는 같은 도시에 살았고, 매일 저녁 한가했으므로 남자는 여자에게 연락할 심산으로 그녀의 전화번호를 받아두었다. 그런데 남자는 여자가 몹시 보고 싶었으면서도, 헤어지고 2주가 지나도록 여자에게 전화를 걸지 않았다.

왜 그랬을까?

| 단서 |

1. 두 남녀의 만남을 가로막는 사람은 없었다.
2. 남자는 자신이 원하는 곳에 언제든 갈 수 있는 사람이다.
3. 남자는 친구들에게도 2주 동안 연락을 하지 못했다.
4. 남자에게 무언가 숨기고 싶은 부끄러운 일이 생긴 것은 아니다.

답: 186쪽

문제 066 이상해진 염소

★★☆☆

염소 치는 아이가 염소의 이상행동을 발견하고는 그 원인을 찾아 나섰다. 그 결과, 세계적으로 손꼽히는 사업 재료인 '이것'을 발견했다.

'이것'은 무엇이며, 염소가 이상행동을 보인 이유는 무엇일까?

| 단서 |

잡식성 동물인 염소는 '이것'을 먹고 평소보다 흥분한 상태로 변했으며, 이 사건을 계기로 오늘날 많은 사람들이 '이것'을 즐기고 있다.

답: 186쪽

문제 067 대단한 신경전

적대적인 관계에 있는 두 집단 간에 신경전이 벌어졌다. 폭력 사태는 없었지만 한쪽 집단에서 비폭력적인 방법으로 상대를 위협하기 시작했다. 그런데 바로 이 비폭력적인 방법 때문에 이들은 상대방을 공격하기도 전에 목숨을 잃고 말았다.

어떻게 된 일일까?

| 단서 |

1. 이것은 실제로 오래전 북아메리카 원주민들에게 일어난 사건이다.
2. 살인이나 자살은 일어나지 않았으며, 사망 원인은 독 중독 때문이었다.
3. 이들은 '전사의 춤'으로 상대편에게 비폭력적인 위협을 가했다.

답: 186쪽

문제 068 액체 속의 다이아몬드

낮에는 실험실 조교로 일하고 밤에는 보석상을 터는 남자가 다이아몬드를 훔친 후 실험실로 도망쳐 왔다. 하지만 뒤따라온 경찰이 건물을 포위했고 남자는 꼼짝없이 실험실에 갇히고 말았다. 당황한 남자는 불투명한 액체가 담긴 시험관 속에 다이아몬드를 집어넣었다. 그러나 안심한 것도 잠시, 남자는 결국 경찰에게 들키고 말았다.

경찰은 어떻게 다이아몬드를 찾았을까?

| 단서 |

1. 남자는 경찰의 질문에 한마디도 대답하지 않았다.
2. 경찰은 실험실을 조사하여 어렵지 않게 다이아몬드를 찾아냈다.
3. 경찰은 다이아몬드를 찾기 위해 시험관에 담긴 액체를 쏟아내지 않았다.
4. 남자가 다이아몬드를 숨긴 액체의 특성과 관련이 있다.

답: 186쪽

문제 069 범행 동기

누군가가 농장 주변에 세워둔 자동차 중에서 새 차만 골라 엉망으로 망가뜨려 놓았다. 경찰은 금방 범인을 찾았지만, 차를 망가뜨린 동기는 쉽게 알아내지 못했다.

　범인의 범행 동기는 무엇이었을까?

| 단서 |

1. 망가진 차들은 모두 밝고 환한 색상이었다.
2. 차를 망가뜨린 범인은 현장에서 도망가지 않고 그 자리에서 경찰에게 붙잡혔다.
3. 분노와 질투심이 원인이었다.
4. 범인과 차 주인은 서로 모르는 사이였다.
5. 범인은 차를 소유하고 있지 않았으며, 차를 갖고 싶어 하지도 않았다.

답: 186쪽

문제 070 죽음의 카드게임

여자가 창문 안쪽을 들여다봤을 때, 두 남자가 탁자에 마주 앉아 엎드린 채 죽어 있었다. 그런데 한 남자는 권총을, 다른 남자는 포커 카드를 들고 있다.

도대체 무슨 일이 일어난 걸까?

| 단서 |

1. 두 남자는 카드놀이를 했지만 도박은 하지 않았다.
2. 총에 맞은 남자는 스스로 총을 쐈다.
3. 두 남자는 죽음이 눈앞에 닥쳤음을 알고 있었다.

답: 187쪽

문제 071 가짜 실종 신고

한 남자가 "차 안에 타고 있던 딸이 실종됐다"고 허위 신고를 했
다.

왜 그랬을까?

| 단서 |

1. 남자는 딸이 안전하다는 사실을 알면서도 경찰에 실종 신고
   를 했다.
2. 딸이나 아내를 자극하기 위한 것은 아니었다.
3. 경찰은 실종 신고를 받자마자 조사에 착수했다.
4. 남자는 차를 도난당했다.

답: 187쪽

문제 072 내일도 생일

한 소년이 가족과 함께 기억에 남을 만한 멋진 생일날을 보냈다.
기분이 날듯이 좋았던 소년은 매일 매일이 생일이었으면 좋겠
다고 생각했다.

소년의 꿈을 이룰 수 있는 방법이 없을까?

| 단서 |

현실적으로는 불가능하지만, 멀리 이사를 갈 경우 이론적으로는
소년의 꿈을 이룰 수 있다. 지구는 하루에 한 번 자전을 하고, 일
년에 한 번 공전을 한다는 것을 생각하라.

답: 187쪽

문제 073 노래를 불러주세요

한 남자가 은행에서 노래를 부르자 은행 직원은 아무 의심 없이
그에게 돈뭉치를 건넸다.
　어떻게 된 일일까?

│ 단서 │

1. 남자는 은행 강도가 아니다.
2. 은행 직원은 남자와 모르는 사이였다.
3. 남자는 노래를 매우 잘 불렀다.

답: 187쪽

문제 074 끈을 가지고 다니는 남자

가게에 가거나 우체국에 갈 때마다 끈을 가지고 다니는 남자가
있다.

　무슨 이유 때문일까?

| 단서 |

1. 남자의 신체 기능 일부에 문제가 있었다.
2. 무언가를 묶기 위한 것은 아니다.
3. 남자가 끈을 가지고 다닌 것은 인색한 성격 때문이다.
4. 끈을 가지고 다니면 다른 사람들과의 의사소통이 수월해진다.

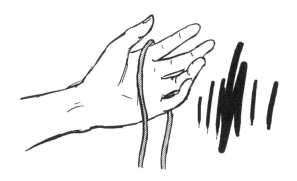

답: 188쪽

문제
075   **뽑을 사람이 없다**

정치가를 혐오하는 한 남자가 투표용지에 '뽑을 사람이 없다'는 선택 사항을 넣기 위해 로비를 벌였지만 헛수고였다. 하지만 남자는 포기하지 않고 자신의 뜻을 이루기 위해 기발한 방법을 생각해냈다.

어떻게 했을까?

| 단서 |

1. 남자는 자신이 원하는 문구를 투표용지에 넣을 수 있는 방법을 찾았다.
2. 남자는 결국 자신의 목적을 달성했다.

답: 188쪽

문제 076 짧은 여행

한 남자가 샌프란시스코에서 비행기를 타고 뉴질랜드에 도착했다. 그런데 공항에 도착하자마자 다시 샌프란시스코행 비행기를 타고 집으로 돌아왔다.

왜 그랬을까?

| 단서 |

1. 단지 비행기가 타고 싶어서 여행을 간 것은 아니다.
2. 비행기 또는 공항에서 만나기로 한 사람은 없었다.
3. 남자는 뭔가를 모으거나 배달하는 일을 하지 않는다.
4. 남자는 무언가를 피하기 위해 여행을 떠났다.
5. 남자에게는 특이한 공포증이 있다.

답: 188쪽

문제 077 점화 요령

어떤 남자가 돋보기를 이용해서 종이에 불을 붙이려 했다. 하늘에는 구름 한 점 없이 태양이 빛났고, 종이는 젖어 있지 않았다. 종이를 내려둔 땅도 충분히 말라 있었고, 바람이 심하게 부는 것도 아니었다. 하지만 돋보기로 아무리 햇빛을 모아도 종이에 불이 붙지 않았다.

어떻게 된 일일까?

| 단서 |

1. 종이에는 아무 이상이 없으며, 불이 붙지 않는 특수한 재질도 아니다.
2. 비, 바람, 습기 등과는 관련이 없다.
3. 남자는 돋보기의 초점을 제대로 맞췄다.

답: 188쪽

문제 078 마리아를 만나기 위해

한 남자가 마리아를 만나기 위해 특별한 옷까지 갖춰 입고 머나 먼 길을 떠났다.

무슨 사연일까?

| 단서 |

1. 낭만적인 사연으로 길을 떠난 것은 아니다.
2. 남자가 입은 옷은 거리에서 쉽게 볼 수 없는 옷이다.
3. 그 외에도 마리아를 보기 위해 먼 길을 떠난 이들이 많다.
4. 마리아는 사람이 아니다.

답: 188쪽

문제 **079** 달팽이의 속도

깊이 20미터의 우물 벽에 달팽이가 있다. 달팽이는 낮 동안 벽을 3미터씩 기어오르지만 밤새 2미터를 다시 미끄러져 내려간다.

　달팽이가 우물 밖으로 빠져 나오려면 며칠이나 걸릴까?

| 단서 |

달팽이가 낮에 3미터를 올라가고 밤에 2미터를 미끄러진다면 하루에 1미터를 올라가는 셈이다.

답: 188쪽

성능 시험

줄다리기 선수 여덟 명이 값비싼 줄을 새로 샀다. 하지만 줄을 시험해볼 상대가 없었다.

그들은 줄의 성능을 어떻게 확인했을까?

| 단서 |

1. 기계나 차를 이용하지는 않았다.
2. 선수들은 양쪽에서 줄을 동시에 잡아당기는 경우를 시험했다.
3. 여덟 명을 두 편으로 나눈 것이 아니라, 여덟 명이 모두 같은 쪽에 서서 줄을 잡아당겼다.

답: 189쪽

문제 081 고의적인 실수

꼼꼼하고 실력 있는 그래픽 디자이너가 일부러 잘못된 부분을 만들어 넣었다.

왜 그랬을까?

| 단서 |

1. 누구라도 한눈에 알아볼 수 있는 실수였다.
2. 그래픽 디자이너는 편하게 일하기 위하여 잘못된 부분을 만들었다.
3. 잘못된 부분은 나중에 수정되었다.

답: 189쪽

문제 082 아르키메데스의 실력

고대 그리스의 수학자 아르키메데스는 지중해를 건너는 로마의 군함을 아주 간단한 방법으로 침몰시켰다.

과연 어떤 방법을 썼을까?

| 단서 |

1. 아르키메데스는 값싼 재료로 만든 간단한 도구를 과학적으로 활용했다.
2. 다른 배나 발사체, 동물을 이용하지는 않았다.
3. 이 방법은 비가 오면 사용할 수 없다.

답: 189쪽

★★☆☆

사냥은 어려워

권총 소지 면허도 있고 사격 실력도 좋은 남자가 사냥 모임에 초
대를 받았다. 그런데 막상 실탄이 장전된 총을 들고 꿩 사냥을
나갔을 때, 다른 일행들이 꿩을 잡는 동안 남자는 한 마리도 맞
추지 못했다.

왜 그랬을까?

| 단서 |

1. 금전적인 이유 때문은 아니다.
2. 동물을 사랑하는 마음에 총을 제대로 쏘지 못한 것은 아니다.
3. 남자는 다른 날에는 마음껏 사냥을 즐겼다.
4. 다른 사람들이 자신의 사격 솜씨를 보고 주눅이 들까 봐 그런
   것은 아니다.
5. 남자에게는 사격 솜씨를 뽐내고 싶지 않았던 특별한 사정이
   있었다.

답: 189쪽

문제 084 비싼 신문

한 여자가 단지 신문을 사서 읽었다는 이유로 2천만 원을 써야만 했다.

어떻게 된 일일까?

| 단서 |

1. 여자가 산 것은 평범한 신문이었다.
2. 여자가 신문을 읽으려고 산 것은 엄청난 실수였다.
3. 여자가 산 신문에 잘못된 내용이 실려 있지는 않았다.
4. 여자는 신문을 읽고 무언가를 구매하거나 어떤 행동을 취하지는 않았다.

답: 189쪽

문제 085 **곰팡이가 난 빵**

한 제빵사가 사흘이 지나면 곰팡이가 생기는 성분을 빵 반죽에 넣었다.

　그 이유가 무엇일까?

| 단서 |

이것은 19세기 오스트레일리아에서 실제로 있었던 일이다. 제빵사가 곰팡이를 넣은 것은 더 많은 빵을 팔거나 경제적인 이익을 얻기 위해서가 아니라, 빵의 유효기간이 사흘을 넘지 않도록 하기 위해서였다.

답: 190쪽

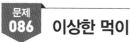

문제 086 이상한 먹이

어떤 어미 새는 아무 영양가도 없는 깃털을 새끼들에게 먹인다고 한다.

　무슨 이유 때문일까?

│ 단서 │

1. 새끼들에게 깃털을 먹이면 특별히 좋은 점이 있다.
2. 새끼들은 깃털을 다시 게워냈다.

답: 190쪽

★★★☆

문제 087 비싼 여행

한 남자가 해외여행을 가서 현지의 렌터카를 빌렸다. 그런데 며칠 후 요금을 정산하려고 보니 남자가 예상했던 것보다 지나치게 많은 액수가 청구되어 깜짝 놀라고 말았다. 알고 보니 렌터카 대여업자가 속임수를 쓴 것이었다.

과연 어떤 속임수를 썼을까?

| 단서 |

1. 렌터카 요금은 실제 주행 거리를 기준으로 책정된다.
2. 주행 거리는 계기판에 나타난 수치를 기준으로 책정되었다.
3. 주행 거리 계기판은 정상적으로 작동하고 있었다.

답: 190쪽

096

문제 088 찻길 위에서

가난한 남자가 거리에서 친구를 만났다. 며칠 동안 제대로 된 식사를 하지 못해 몹시 배가 고팠던 남자는 친구에게 "찻길 위에 누워 있으라"고 말했고, 그 말을 들은 친구는 정말로 찻길 위에 넙죽 엎드렸다.

　남자는 친구에게 왜 이런 행동을 하게 했을까?

| 단서 |

1. 남자는 친구를 해칠 생각이 아니었다.
2. 남자와 친구는 함께 범죄를 저질렀다.
3. 친구가 드러누운 찻길 앞에는 상점이 있었다.

답: 190쪽

문제 089 운 나쁜 남자

남자는 오늘따라 운이 매우 나빴다. 고속도로에서는 속도위반으로 경찰에게 붙잡혔고, 집에 와보니 도둑이 다녀간 후였다. 그런데 알고 보니 속도위반으로 붙잡히지만 않았다면 도둑이 들지 않았을 것이라고 한다.

어떻게 된 일일까?

| 단서 |

속도위반으로 남자를 붙잡은 경찰은 그의 면허증을 확인하고 몇 가지 질문을 한 뒤, 가벼운 주의를 주고 남자를 보내주었다.

답: 190쪽

문제 090 택시의 비밀

한 남자가 공항에서 택시를 탔다. 남자는 택시를 타기 전에 택시 기사가 트렁크에 짐을 싣는 모습을 두 눈으로 직접 확인했다. 그러나 호텔에 도착해서 가방을 열어보니 가방 안에 넣어두었던 값비싼 보석이 감쪽같이 사라졌다.

어떻게 된 일일까?

| 단서 |

택시 기사는 직접 손님의 짐을 트렁크에 실었다. 남자는 다른 사람이 가방을 만지는 것을 본 적이 없었다.

답: 191쪽

문제 091 수술 도구

한 심장 전문 외과의사가 수술을 하기 직전, 수술대 옆의 높다란 선반 위에 'K'라고 적힌 카드를 올려놓았다.

왜 그랬을까?

| 단서 |

1. 의사의 행동은 무언가를 시험하기 위한 것이었다.

2. 카드에 적힌 글자는 'K'가 아닌 다른 글자라도 상관없었다.

3. 의사는 수술견학용 교실에 들어온 사람이라면 누구라도 볼 수 있는 자리에 카드를 올려놓았다.

4. 수술 도중에 환자가 사망하거나 가사 상태에 빠졌다 깨어나는 경우가 있다.

답: 191쪽

문제 092 내 고향 더블린

전설적인 골프 선수였던 벤 호건(Ben Hogan)은 1912년 더블린
에서 태어났지만, 아일랜드에서 열리는 대회에는 한사코 참가하
지 않았다고 한다.

왜 그랬을까?

| 단서 |

1. 종교 또는 정치적 이유와는 관련이 없다.
2. 벤 호건은 아일랜드를 좋아했으며, 아일랜드에 대한 나쁜 감
   정은 없었다.
3. 벤 호건은 더블린의 평범한 가정에서 태어났다.

답: 191쪽

과대광고

★ ☆ ☆ ☆

한 남자가 '담배 라이터(lighter) 100개에 10달러'라는 신문 광고
를 보고 물건을 주문했다. 하지만 남자는 물건을 배송 받고 몹시
실망했다.

　왜 그랬을까?

| 단서 |

남자에게 배송된 것은 분명히 '담배 라이터'(lighter) 100개였다.
하지만 남자가 생각했던 것과는 다른 물건이 배송되었다.

답: 191쪽

★★★★

문제 094 말하지 마세요

이 증상이 있는 사람은 다른 사람이 이 증상에 대한 이야기를 꺼내지 않기를 바란다.

　이 증상은 과연 무엇일까?

| 단서 |

1. 이것은 희귀한 병이다.
2. 이것은 일종의 공포증이다.
3. 이 증상을 앓고 있는 사람 앞에서 병명을 말하는 순간, 증상이 나타난다.

답: 191쪽

문제 095 **꽉 끼는 신발**

한 여성이 매우 중요한 일을 앞두고 일부러 작고 발 아픈 신발을 샀다.

왜 그랬을까?

| 단서 |

1. 여자는 이 신발을 신으면 발이 몹시 아팠다.
2. 작은 신발 덕분에 여자는 무언가를 성공적으로 해낼 수 있었다.
3. 여자는 발에 통증을 느끼고자 했다.

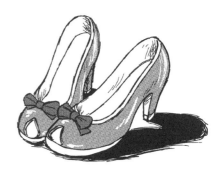

답: 191쪽

문제 096 뜨개질은 불법?

채널 제도에 위치한 영국령 섬인 저지 섬에서는 남자가 스웨터를 뜨고 있으면 불법 행위로 간주된다고 한다.

　그 이유는 무엇일까?

| 단서 |

1. 여자들이 뜨개질을 하는 것은 불법이 아니다.
2. 범죄 위험이나 건강상의 문제 때문은 아니다.
3. 저지 섬은 주요 산업을 보호하기 위한 조치로 뜨개질 금지법을 만들었다.

답: 192쪽

문제 097 노인들만 오세요

고등학교 근처에 있는 노인센터에 한 가지 문제가 생겼다. 근처를 배회하던 학생들이 종종 노인센터에 들어와 이리저리 기웃거리면서 주방에 준비해둔 음식을 먹어치웠기 때문이다. 노인센터 소장은 학생들을 쫓아내고 싶었지만 소란이 일어날까 봐 걱정이었다. 그래서 되도록 학생들을 조용하게 내보낼 방법을 고민하다가 마침내 해결책을 생각해냈다.

과연 어떤 방법으로 학생들을 쫓아냈을까?

| 단서 |

노인센터 소장은 나이가 들수록 특정한 능력이 줄어든다는 점에 착안하여 학생들이 싫어할 만한 장치를 설치했다. 반면 노인들은 이러한 장치를 설치했다는 사실조차 눈치채지 못했다.

답: 192쪽

소문의 진실 ★★★☆

유명 여배우에 관한 소문이 신문 기사에 오르내리며 세간이 떠들썩하지만, 제인은 이 기사의 내용이 분명 거짓임을 알고 있다. 그러나 제인은 잘못된 기사에 대해 아무런 해명도 할 수 없었다.

왜일까?

| 단서 |

1. 제인은 소문 속 여배우와 개인적으로 만나거나 연락한 적이 없다.
2. 잘못된 기사가 실린 까닭은 여배우가 거짓말을 했기 때문이다.
3. 기사의 내용은 범죄와 관련이 있다.

답: 192쪽

문제 099 혹한 속의 마약 거래

한 번도 들킨 적 없는 마약 거래상이 어느 추운 겨울날 결국 경찰에게 붙잡히고 말았다.

어떻게 된 일일까?

| 단서 |

1. 마약을 사간 사람이 경찰에 제보했거나 거래 현장을 포착 당하지는 않았다.
2. 마약 거래상의 집에는 이웃 사람들이 의아하게 생각할 만한 점이 있었다.

답: 192쪽

문제 100 아니라니까요

취재를 위해 알바니아를 방문한 신문기자가 현지인과 인터뷰를 나누기 위해 사람들이 많은 거리로 나갔다. 그런데 사람들에게 알바니아 태생인지 물어볼 때마다 하나같이 고개를 좌우로 흔드는 것이다.

기자는 왜 알바니아 태생의 현지인을 만날 수 없었을까?

| 단서 |

1. 신문기자는 알바니아어로 질문했다.

2. 사람들은 기자의 질문을 제대로 알아들었다.

3. 질문을 받은 사람들이 신문기자에게 거짓말을 하거나 오해를 살 만한 행동을 하지는 않았다.

4. 신문기자는 알바니아어는 할 줄 알았지만 알바니아 문화에 대해서는 자세히 알지 못했다.

답: 193쪽

문제
101 **가라앉은 배**

항구에 정박해 있던 배가 수심 6미터의 바다 속으로 가라앉는 바람에 다른 배들마저 항구에 들이오지 못하고 있었다. 그러던 중 다행히 스포츠용품점을 운영하는 남자의 도움으로 배를 물 위로 끌어 올릴 수 있었다.

그는 어떻게 배를 끌어 올렸을까?

| 단서 |

1. 침몰한 배는 비어 있는 상태로 가라앉았고, 침몰 후 배 안에 바닷물이 가득 찼다.
2. 게양기나 크레인을 사용하지 않았다.
3. 침몰한 배 안에 풍선 같은 것을 넣어 띄우지는 않았다.
4. 스포츠용품점에서 판매하는 물건을 이용하였다.

답: 193쪽

문제 102 늘었다 줄었다

벤은 꼭 일주일 동안 키가 8센티미터 커졌다가 다시 줄어들었다. 어떻게 된 일일까?

| 단서 |

1. 키높이 신발을 신거나 가발을 쓰지는 않았다.
2. 벤은 키뿐만 아니라 몸 전체가 일주일 동안 늘어났다가 다시 줄어들었다.
3. 특별한 도구를 사용해 몸을 잡아당겨 늘리지 않았다.
4. 벤은 흔치 않은 직업을 가진 사람이다.
5. 벤은 일주일 동안 특별한 곳에 가 있었다.

답: 193쪽

문제 103 곰 인형 커플

두 성인 남녀가 장터에서 커다란 곰 인형을 들고 한곳을 계속 어슬렁거리고 있다.

　이유가 무엇일까?

| 단서 |

1. 그들은 곰 인형이 있다는 사실을 알리고 싶었다.
2. 이것은 일종의 속임수이다.

답: 193쪽

문제 104 인사 금지

한 수도회에서 수도자들에게 "헬로"(hello)라고 인사하는 것을 금지했다. 왜 그랬을까?

| 단서 |

1. 이 수도회는 침묵을 지켜야 하거나 자유롭게 대화를 나눌 수 없는 곳은 아니다.
2. 수도회 회칙에 인사를 금지하고 있지는 않다.
3. 서로 인사를 할 때 '헬로' 이외의 다른 말은 쓸 수 있다.

답: 193쪽

문제 105 가라앉는 심정

버고니 호가 대서양에 침몰했을 때 단 한 명을 제외한 전원이 구조되었다. 그 남자는 왜 구조되지 못했을까?

| 단서 |

1. 구조되지 못한 남자는 수영을 잘했다.
2. 그는 부자였다.

답: 193쪽

문제 106 완벽한 선물

통신 판매 회사에서 주문 고객에게 보내는 선물을 기존보다 저렴한 것으로 바꿨음에도 불구하고 이전보다 주문량이 더 많아졌다.

어떻게 된 일일까?

│ 단서 │

1. 고객들은 바뀌기 전과 후의 두 선물을 모두 마음에 들어 했다.
2. 두 선물은 모두 값싸고 실용적인 것이었다.
3. 바뀐 선물은 고객들이 선물을 받고 앞으로도 계속 주문해주기를 바라는 통신 판매 회사의 의도에 더 적합한 것이었다.

답: 194쪽

문제 107 타살을 가장한 자살

자살하고 싶어도 보험금을 받지 못할 것이 걱정되어 죽지 못하는 남자가 있었다. 사고사나 살해당한 경우에는 보험금이 지급되지만, 자살하면 보험금을 한 푼도 받을 수 없기 때문이다.

　남자는 살해된 것처럼 보이기 위해 어떤 방법으로 자살했을까?

| 단서 |

1. 남자는 권총을 사용했다.
2. 죽은 남자 옆에 권총이나 흉기가 놓여 있지 않았다.
3. 남자는 누구의 도움도 받지 않고 혼자 힘으로 자살했다.
4. 남자는 공원에서 사람들이 사라지기를 기다렸다가 자살했다.

답: 194쪽

문제 108 소금통을 훔치다

이름만 대면 알 만한 유명 인사가 초대받아 찾아간 집에서 진귀
한 소금통을 자기 주머니에 챙겨 넣었다.

그는 왜 이런 일을 했을까?

| 단서 |

1. 손님에게 소금통을 훔치려는 의도는 없었다.
2. 손님은 이 집의 안주인을 돕기 위하여 일부러 이런 일을 저질
   렀다.
3. 초대받은 집에서 누군가 수상한 행동을 했다.

답: 194쪽

문제 109 자나 깨나 불조심

어떤 남자가 여자에게 부엌에 불이 났다고 알려주었다. 하지만 여자는 고마워하기는커녕 몹시 화를 냈다.

왜 그랬을까?

| 단서 |

1. 여자는 이 남자를 만난 적이 없다.
2. 여자는 남자가 자신의 집에 불이 난 걸 알고 있다는 사실에 화가 났다.
3. 여자의 집에 불이 크게 번지지는 않았다.
4. 남자는 여자의 집에 침입한 범죄자가 아니다.
5. 여자는 남자의 말로 인해 남자가 하고 있던 일을 짐작할 수 있었다.

답: 194쪽

문제 110 휴가를 다녀온 남자

휴가에서 막 돌아온 남자가 옆집에 사는 사람에게 전할 말이 있어서 찾아갔다. 그런데 잠시 후 남자는 몹시 화가 나서 고래고래 소리를 지르며 거리로 달려나갔다.

어떻게 된 일일까?

| 단서 |

1. 남자는 자신의 집에 들어가기 전에 옆집 사람과 대화를 나누었다.
2. 옆집 사람이 남자를 화나게 할 만한 행동을 하지는 않았다.
3. 남자는 옆집 사람과 이야기를 하는 사이 자신의 물건이 없어졌다는 사실을 깨달았다.

답: 195쪽

문제 111 서커스단의 진실

★☆☆☆

미국의 유명 서커스단 '바넘'은 초창기 광고 문구에 '물고기를 먹는 사람'이나 '벚꽃 색깔 고양이'처럼 진위를 알 수 없는 모호한 말을 써서 사람들의 호기심을 자극했다.

이 말에 혹해서 입장료를 내고 서커스장에 들어간 사람들은 과연 무엇을 보았을까?

| 단서 |

바넘은 다음과 같은 말을 남겼다고 한다. "쉽게 속아 넘어가는 얼치기들은 언제 어디에나 있다." 관객들은 바넘의 광고 문구에서 말한 장면을 보긴 했지만, 애초에 기대했던 모습과는 매우 달랐다.

답: 195쪽

120

문제 112 이상한 골프선수

골프대회에 참가한 선수의 공이 러프(풀을 깎지 않은 지역)에 떨어졌다. 다행히 공이 떨어진 곳에서 그린 위에 있는 깃대(이곳에 있는 홀에 공을 넣어야 득점을 할 수 있다)가 잘 보였지만, 이 선수는 웬일인지 그린을 향해 치지 않고 득점과 아무 관계가 없는 페어웨이(티와 그린 사이의 잔디밭)로 공을 쳐냈다.

왜 그랬을까?

| 단서 |

1. 그는 이 골프대회에서 우승하고 싶었다.
2. 그는 한 타를 더 쳐야 한다는 것을 알면서도 일부러 이 방법을 택했다.
3. 그는 정정당당한 경기를 치루고 싶었기 때문에 일부러 어려운 길을 택했다.
4. 그가 페어웨이로 쳐낸 공은 그날 경기의 첫 타였다.

답: 195쪽

당신한테는 안 팔아

런던에 사는 한 남자가 암 선고를 받은 뒤로 동네 술집에서는 이 남자에게 술을 팔지 않았다.

이유가 무엇일까?

| 단서 |

1. 술집 주인들은 남자가 암에 걸렸다는 사실을 몰랐다.
2. 남자의 병은 전염될 우려가 없었다. 다만 술집 주인들은 안전을 위한 방침을 지켰을 뿐이다.
3. 암 치료를 받기 시작한 뒤부터 남자의 외관에 변화가 생겼다.
4. 남자는 가죽 재킷에 찢어진 청바지를 즐겨 입는 젊은이였으며, 평소에는 이런 복장으로 술집에 가도 아무런 문제가 없었다.

답: 195쪽

문제
114 **코트 두 벌**

케빈은 날씨가 따뜻한데도 코트를 두 벌씩이나 입고 페인트칠을 하고 있다.

　이유가 무엇일까?

| 단서 |

케빈은 페인트통의 지시 사항을 읽고 이해한 대로 했을 뿐이다.
페인트통에는 "Apply in two coats"라고 씌어 있었다.

답: 196쪽

문제 115 거꾸로 흐르는 강물

북쪽으로 흐르던 강이 일주일 만에 경로를 바꿔 남쪽으로 흐르고 있다.

어떻게 된 일일까?

| 단서 |

북쪽과 남쪽의 기준이 바뀐 것이 아니라, 실제로 강물이 흐르는 방향이 바뀌었다. 물은 언제나 높은 곳에서 낮은 곳으로 흐르는 자연법칙을 생각해보라.

답: 196쪽

문제 116 체포의 이유

한 여성이 미국에 있는 대형 쇼핑몰에서 물건을 고른 뒤 계산대에서 200달러짜리 지폐를 내밀었다. 그런데 지폐를 받아든 점원은 여자를 곧바로 경찰에 신고했다. 왜 그랬을까?

| 단서 |

1. 여자는 범죄를 저지를 계획이었다.
2. 여자가 돈을 낸 것은 범죄에 해당된다.

답: 196쪽

문제 117 라이벌의 싸움

★☆☆☆

안토니아는 자신의 집에서 상류층 인사들만 참석할 수 있는 무도회를 주최할 예정이다. 그런데 그녀의 라이벌인 그웬돌린이 자신과 똑같은 드레스를 입고 올 거라는 정보를 입수했다.

안토니아는 라이벌을 누르고 무도회의 주인공이 되기 위해 어떤 방법을 썼을까?

| 단서 |

1. 안토니아는 다른 사람과 똑같은 드레스를 입고 싶지 않았다.
2. 그웬돌린은 예정된 드레스를 입고 나타났다.
3. 그웬돌린이 입은 드레스와 똑같은 드레스를 입은 손님은 없었지만, 그녀는 몹시 기분이 상했다.

답: 196쪽

126

문제 118 안전 헬멧의 모순

자전거용 헬멧은 자전거를 타는 사람의 안전을 위한 장비임에
불구하고 종종 헬멧 때문에 더 큰 사고를 당하는 경우가 있다는
조사 결과가 나왔다.

그 이유는 무엇일까?

| 단서 |

사고의 원인은 자전거 탑승자가 아니라 다른 운전자들에게 있다.

답: 196쪽

문제 119 필요 없는 물건

가게에 들어간 여자가 필요도 없고 갖고 싶지도 않은 물건을 샀다. 게다가 그 물건은 고장까지 난 상태였지만 여자는 한 푼도 깎지 않고 물건 값을 다 주었다.

왜 그랬을까?

| 단서 |

1. 여자는 돈을 지불하면서 기분이 좋지 않았다.
2. 여자는 이 물건을 사자마자 버렸다.
3. 여자는 이 물건 때문에 가게에 들어갔다.

답: 197쪽

문제 120 시계 금지

한 커플이 어느 레스토랑에 갔을 때, 웨이터가 남자에게 "손목시계를 풀어야 합니다."라고 말했다.

왜 그랬을까?

| 단서 |

1. 이 레스토랑은 음식의 맛과 경험을 중시하는 곳이었다.
2. 시간과는 아무 관계가 없다.
3. 웨이터는 다른 손님들에게는 시계를 풀어달라고 부탁하지 않았다.

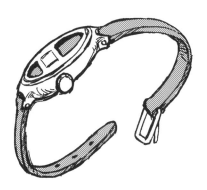

답: 197쪽

문제 121 위험에 빠진 탐험가

위험 지역을 여행 중이던 탐험가가 어쩌다 좁은 암벽 틈 사이에 끼어 꼼짝할 수 없게 되었다. 탐험가는 구조 요청을 하고 싶었지만 휴대전화는 손이 닿지 않는 곳에 떨어져 있고, 주변에는 인적조차 없었다.

그는 과연 어떻게 탈출했을까?

| 단서 |

1. 탐험가는 일주일 정도 버틸 수 있는 식량과 물을 갖고 있었다.
2. 암벽은 탐험가의 허리 높이쯤 되었다.
3. 암벽의 틈을 벌릴 수 있는 도구는 전혀 없었다.

답: 197쪽

문제 122 조직적이지 않은 회의

세계 식량 보급 문제에 대한 회의가 성공적으로 끝났다. 그런데 다음 날 한 유명 신문사에서 이 회의가 '조직적이지 않게' 이뤄졌다는 기사를 내보냈다.

어떻게 된 일일까?

| 단서 |

1. 회의는 조직적으로 진행되었다.
2. 기사를 내보낸 신문사는 오해를 불러일으킬 만한 실수를 저질렀다.

답: 197쪽

문제 123

★★★★

생존의 기술

끔찍한 화재가 발생한 호텔의 20층에 투숙객이 갇혀 있었다. 불길 때문에 방 밖으로 빠져나올 수가 없을뿐더러, 창문도 열리지 않고 문틈과 환기창으로 연기가 들어와 숨쉬기조차 힘든 상황이었다. 소방대원들이 이 방까지 가려면 10분은 걸린다고 했다. 하지만 결국 그는 살아남았다.

그는 구조대원들이 도착할 때까지 어떻게 버텼을까?

│ 단서 │

1. 남자는 벽이나 창문을 부수지 않았다.

2. 남자는 숨쉴 수 있는 공간을 찾았다.

3. 남자는 산소통이나 숨을 쉴 수 있는 특수 장비를 가지고 있지 않았다.

4. 구조대원들이 도착했을 때 남자는 욕실 안에 있었다.

5. 욕실까지 연기가 가득 차 있었다.

답: 197쪽

문제 124

커튼 봉 안의 물고기

한 여자가 커튼 봉 속에 물고기를 집어넣었다.

　왜 그랬을까?

| 단서 |

1. 여자는 어떤 일 때문에 몹시 화가 났다.

2. 여자는 커튼 봉 안에 물고기를 집어넣은 사실을 아무에게도 이야기하지 않았다.

3. 얼마 후면 이 커튼 봉은 다른 사람의 물건이 된다.

답: 198쪽

문제 125 비행기 티켓을 산 이유

★★☆☆

패트릭은 여행 계획도 없으면서 외국행 비행기 표를 샀다.

왜 그랬을까?

| 단서 |

1. 그는 비행기 표를 할인된 가격으로 구매했다.

2. 공항에 가면 다른 곳에서는 찾아볼 수 없는 것이 있었다.

3. 그는 비행기를 타지 않았지만 금전적인 손해를 입지는 않았다.

4. 이것은 12월에 일어난 일이다.

답: 198쪽

문제 126 당신이 낚시를 떠난 동안에

낚시에 푹 빠진 남자의 아내가 어느 날 이상한 소문을 들었다. 자신의 남편이 낚시를 가는 것이 아니라 사실은 다른 여자와 바람을 피운다는 것이다. 그러나 아내는 남편이 정말로 낚시를 간다는 사실을 알고 있었다.

아내는 무슨 이유로 확신했을까?

| 단서 |

아내는 남편이 낚시를 갈 때 무엇을 가져가며, 집으로 다시 무엇을 가져오는지 알고 있었다. 아내는 남편이 실제로는 바람을 피우면서 낚시 간다고 거짓말을 했다면 분명히 어떤 행동을 했을 것이라고 생각했다.

답: 198쪽

★★★☆

문제 127 선생님의 속마음

기분이 상한 한 남학생이 수업 시간에 욕을 하다가 선생님께 혼이 났다. 하지만 선생님은 학생이 욕을 한 것을 나무란 게 아니었다.

왜일까?

| 단서 |

1. 남학생은 수업을 제대로 따라가지 못했다.
2. 욕을 한 것 이외에도 남학생이 지키지 않은 또 다른 수업 규칙이 있었다.
3. 남학생이 다른 말로 욕을 했다면 혼이 나지 않았을 것이다.

답: 199쪽

문제 128 벌 때문에

한 여성이 벌 때문에 목숨을 잃었다. 그녀는 벌에 쏘이지 않았다.
대체 이유가 무엇일까?

| 단서 |

이 벌은 여왕벌이었다. 여자는 벌 알레르기가 없었으며, 그녀는
공연 예술가였다.

답: 199쪽

독을 든 남자

밖에 나갈 때마다 독극물을 챙기는 남자가 있다.

대체 무슨 사연이 있는 걸까?

| 단서 |

1. 남자가 지니고 다니는 독극물은 제초제나 살충제는 아니다.
2. 남자는 나쁜 일에 사용할 생각으로 독극물을 가지고 다니는 것이 아니다.
3. 남자는 독극물을 집 밖에서만 사용했다.
4. 남자는 이 독극물을 차에 사용했다.

답: 199쪽

해고 사유 ★☆☆☆

어떤 직원이 회사 기물에 약간의 손상이 생긴 것을 발견하고 상부에 보고했다. 사장은 보고를 받자마자 바로 해당 직원을 해고했다.

　왜 그랬을까?

| 단서 |

직원이 사용한 회사 기물은 손수레였으며, 손수레의 작동 상태를 사장에게 보고했다가 근무태만으로 해고되었다.

답: 199쪽

문제 131 단추가 달린 이유

남자들이 입는 재킷 소매에는 작은 단추가 여러 개 달려 있다. 이 단추들은 다른 단추들과는 달리 옷깃을 여미기 위한 용도가 아니다. 하지만 단순한 장식용 단추도 아니라고 한다.

남성용 재킷 소매에 단추를 달게 된 이유는 무엇일까?

| 단서 |

1. 실용적인 차원에서 단추를 달았지만, 이 단추에는 아무것도 채우지 않는다.
2. 이 단추는 나쁜 습관을 방지하기 위한 것이다.

답: 199쪽

문제 132 헐렁한 셔츠

공군 남자 조종사들은 일할 때나 쉴 때 다른 정비 요원들보다 헐렁한 셔츠를 입는다.

왜일까?

| 단서 |

1. 공군의 남자 조종사와 정비 요원들은 모두 정상적인 남자들이다.

2. 조종사들은 셔츠 안이나 밖에 다른 옷을 껴입지 않는다.

3. 조종사들이 사용하는 장비와 관련이 있다.

답: 200쪽

지문을 남기다

어느 집에 도둑이 들었다. 그는 장갑을 낀 채로 귀한 보석들을 훔쳐 무사히 그 집을 빠져나왔다. 그러나 도둑은 금고에 지문을 남기는 바람에 붙잡히고 말았다.

도둑은 어쩌다가 지문을 남겼을까?

| 단서 |

1. 도둑은 금고를 열다가 지문을 남겼다.
2. 도둑은 물건을 훔치면서 한 번도 장갑을 벗지 않았다.
3. 도둑은 그다지 똑똑하지 않은 사람이었다.

답: 200쪽

문제 134 유망 사업의 기원

19세기 미국 코네티컷의 한 빵집 주인은 직원들에게 점심시간에 1시간 동안 놀 수 있게 해주었다. 그 결과 수억 원대의 사업이 탄생했다.

과연 무슨 사업일까?

| 단서 |

빵집 직원들은 빵 굽는 도구를 사용해 놀이를 했다. 직원들의 놀이는 새로운 놀이 문화의 탄생으로 이어졌으며, 수백만 명이 즐기는 대중 스포츠로 발전했다.

답: 200쪽

문제 135 침침한 눈에는 당근

당근을 먹으면 시력이 좋아진다는 이야기는 사실 전쟁 때문에 생겨난 것이라고 한다.

과연 어떻게 유래된 것일까?

| 단서 |

당근을 믹으면 시력이 좋아진다는 말은 원래 전쟁에서 이기기 위한 교묘한 속임수에서 비롯된 이야기로, 성장기 어린이의 영양 상태 개선이나 건강을 생각해서 유포된 말은 아니다.

답: 200쪽

문제 136 양치질 횟수

전직 미국 대통령 린든 B. 존슨(Lyndon B. Johnson)은 간혹 오전 중에 양치질을 다섯 번씩이나 할 때도 있었다고 한다.

그 이유는 무엇일까?

| 단서 |

1. 이 일화는 그가 대통령이 되기 전의 일이다.

2. 구강 위생이나 건강, 외관상의 이유는 아니다.

3. 잦은 양치질은 대통령이 되기 전의 경력 관리에 도움이 되었다.

답: 200쪽

풀어헤친 나비넥타이

★ ★ ★ ☆

영화 〈토마스 크라운 어페어〉(The Thomas Crown Affair)의 주연을 맡았던 피어스 브로스넌은 영화 속 나이트클럽 장면에서 흰색 나비넥타이를 풀어헤치고 등장했다. 알고 보니 피어스 브로스넌은 검은색 나비넥타이를 맬 수 없어서 그런 모습을 연출했다고 한다.

왜일까?

| 단서 |

1. 그는 검은색 나비넥타이는 물론 어떤 색의 나비넥타이도 맨채 영화에 출연할 수 없었다.
2. 만약 그가 검은색 나비넥타이를 매고 출연할 경우 큰 문제가 생겼을 것이다.
3. 신체적인 문제와는 관계가 없다.
4. 이 영화에 출연한 다른 배우들은 나비넥타이를 맬 수 있었다.

답: 201쪽

문제 138 빅토리아 시대 1

현대인이 입는 옷 중에서 빅토리아 시대(영국 역사에서 빅토리아 여왕의 통치 기간인 1837~1901년)에는 지금보다 여섯 배나 크게 입었던 옷이 있다.

이 옷은 무엇일까?

| 단서 |

1. 이것은 남녀 모두 입을 수 있는 옷이다.
2. 이것은 겉옷이다.
3. 빅토리아 시대 사람들이 품위와 정숙함을 중시했다는 점과 관련이 있다.

답: 201쪽

문제 139 빅토리아 시대 2

빅토리아 시대에는 많은 가정이 주방에서 이 동물을 키웠다.
현대인의 주방에서는 좀처럼 볼 수 없는 이 동물은 무엇일까?

| 단서 |

1. 이 동물은 애완용은 아니지만, 키우면 좋은 점이 있었다.
2. 이 동물이 있는 곳에는 맨발로 가지 않는 것이 좋다.

답: 201쪽

문제 140 허술한 언론 통제

1950년대 중국은 농촌의 심각한 기근을 숨기기 위해 몇몇 대도시를 제외하고 해외 언론의 출입을 철저히 통제했다. 그런데 한 러시아 기자가 중국 농촌의 기근이 심각하다는 사실을 눈치챘다.

러시아 기자는 중국 정부가 그토록 숨기고 싶어 했던 사실을 어떻게 알아냈을까?

| 단서 |

러시아 기자는 기근에 시달리는 사람을 만나지는 못했지만, 공항에서 도시로 이동하는 길에서 무언가를 보고 중국이 기근을 겪고 있는 사실을 눈치챘다.

답: 201쪽

문제 141
빨리 돌아가세요

어느 일요일 저녁, 아일랜드의 도시 리머릭의 시장은 관중으로 꽉 찬 럭비 경기장에서 이렇게 외쳤다. "시민 여러분께서는 경기가 끝나는 대로 속히 집으로 돌아가주시기 바랍니다."

시장은 왜 이런 부탁을 했을까?

| 단서 |

1. 럭비 경기를 보는 관중의 안전이나 경기 진행과는 관련이 없다.

2. 세금 납부, 선거, 건강 문제 등과도 관련이 없다.

3. 시장은 리머릭 시의 이익을 위해 관중들이 빨리 귀가하기를 바랐다.

4. 일요일 저녁때 집에 있는 사람들의 숫자에 따라 어떤 계산이 달라진다.

답: 201쪽

독일군 스파이

제2차 세계대전 중에 한 독일군 스파이가 미국으로 들어왔다. 완벽한 영어를 구사하는 스파이는 말실수를 전혀 하지 않았지만 결국 덜미를 잡혔다.

과연 어떻게 스파이의 정체가 탄로 났을까?

| 단서 |

1. 독일군 스파이는 무언가를 적었고, 이것 때문에 정체가 탄로 났다.

2. 그가 적은 것은 독일어도 아니고, 특정 단어도 아니다.

답: 202쪽

문제
143 해변의 시체

1943년, 해변에서 죽어 있는 한 남자가 발견되었다.
남자에게 무슨 일이 일어났던 걸까?

| 단서 |

1. 남자는 사실 이 장소가 아닌 다른 곳에서 죽었다.

2. 남자는 해변에서 익사한 것처럼 위장되었다.

3. 전쟁 기간 중에 발견된 이 남자의 시체 덕분에 누군가를 완벽하게 속일 수 있었다.

답: 202쪽

문제 144 우리 이혼했어요

중국의 어느 작은 도시에서 한때 열 쌍의 부부 중 아홉 쌍이 갑작스레 이혼을 했다고 한다.

과연 그 이유는 무엇일까?

| 단서 |

1. 종교나 배우자의 배신, 가정 문제 등과는 관련이 없다.

2. 이 마을에서 대규모 재개발 공사가 진행될 예정이었다.

3. 이들이 이혼을 한 것은 경제적인 이익 때문이다.

답: 202쪽

문제 145
1달러로만 받겠습니다

어떤 밴드에 자신의 출연료를 꼭 1달러짜리 지폐로만 받는 단원
이 있었다.

왜 그랬을까?

| 단서 |

1. 그가 1달러짜리 지폐만 받은 것은 속지 않기 위해서였다.
2. 그는 나중에 유명한 가수이자 피아니스트가 되었다.
3. 그는 실존인물이다.

답: 203쪽

문제 146 사라진 소야곡

모차르트의 작품 〈아이네 클라이네 나흐트무지크〉는 원래 5악
장으로 구성되었지만, 오늘날 라디오에서 들을 수 있는 것은 4악
장뿐이다.

그 이유는 무엇일까?

| 단서 |

1. 5악장에 사용된 악기가 불분명하거나 연주하기 어렵기 때문
   은 아니다.

2. 모차르트가 살았던 시대에는 5악장을 연주했지만, 오늘날에
   는 연주하지 않는다.

답: 203쪽

문제 147 종이 울리면

최근에 막대한 돈이 생긴 한 여자가 종소리를 들었다. 종이 울리면 모든 재산을 잃게 되는데도 여자는 기쁨을 감추지 못했다.
  어떻게 된 일일까?

| 단서 |

1. 이것은 아주 오래전에 있었던 일이다.
2. 종이 울린 곳은 지금으로서는 상상도 못할 만한 장소이다.
3. 이 종은 특수한 목적으로 설치되었지만 실제로 울리는 일은 거의 없었다.

답: 203쪽

문제 148 키프로스식 커피

지중해 동부의 섬나라인 키프로스에는 커피를 시키면 커피에 물을 조금 부어주는 전통이 있다.

왜 이런 전통이 생겼을까?

| 단서 |

1. 커피의 맛을 좋게 하기 위한 것은 아니다.
2. 이 전통은 일종의 안전장치 역할을 하기 위해 생겨났다.
3. 이 전통은 키프로스의 역사적 상황과 관련이 있다.

답: 204쪽

문제 149 유효기간 백만 년

이집트 피라미드에서 발견된 유물 중에 지금까지 먹을 수 있는
상태로 보존된 것이 있다.

이것은 과연 무엇일까?

| 단서 |

1. 이 식품은 4천 년 전 이집트 파라오들의 미라와 함께 매장되
   었지만, 지금도 먹을 수 있는 상태로 보존되었다.
2. 이것은 육류나 채소, 과일 종류는 아니며, 이 식품은 수천 명
   의 노예들이 일해야만 소량 생산할 수 있었다.

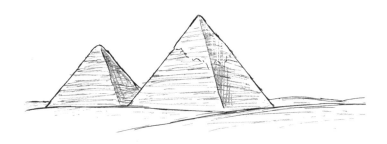

답: 204쪽

밤하늘의 성조기

★☆☆☆

미국에서는 해가 저문 시간에는 실외에서 성조기를 게양하지 못하도록 되어 있다. 그런데 딱 한 군데 예외인 곳이 있다.

이곳은 어디일까?

| 단서 |

해가 지면 게양했던 성조기를 내려서 실내에 들여놓아야 하지만, 이렇게 할 수 없는 장소가 한 군데 있다.

답: 204쪽

문제 151

배낭을 메고 죽다

숲속에서 등에 배낭을 멘 채 숨진 한 남자가 발견되었다.
어떻게 된 일일까?

| 단서 |

1. 비행기나 낙하산 등과는 관련이 없다.

2. 남자는 끔찍한 사고를 당했다.

3. 남자가 죽게 된 직접적인 사인은 배낭 안의 무언가 때문이다.

4. 남자는 독살이나 익사, 충돌 때문에 죽은 것이 아니다.

답: 204쪽

★ ★ ☆ ☆

152 돌덩어리의 행방

죄수 두 명이 무려 2.4킬로미터 길이의 터널을 뚫고 감옥을 빠져나왔다. 그들은 터널을 파면서 생긴 돌덩어리들을 어떻게 처리했을까?

| 단서 |

1. 간수는 매일 같은 시간에 감방을 검사했다.
2. 밖에 몰래 내다버리거나 변기에 버리기에는 터널에서 나온 돌덩어리의 양이 너무 많았다.
3. 죄수들은 주어진 환경을 최대한 활용했다

답: 204쪽

★ ★ ★ ☆

문제 153 장난감의 침몰

장난감을 싣고 대서양을 건너던 화물선이 폭풍우를 만나 침몰하고 말았다. 그러나 이 비극적인 사건은 과학자들에게 희소식을 안겨주었다.

어떻게 된 일일까?

| 단서 |

1. 화물선에 실린 장난감의 특징과 관련이 있다.
2. 과학자들은 이 사건 덕분에 대서양에 관련된 중요한 정보를 알아냈다.
3. 화물선에 실린 장난감은 목욕용 장난감이었다.

답: 204쪽

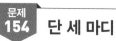

단 세 마디

왕에게 미움을 산 어릿광대가 처형될 위기에 놓였다. 왕은 어릿광대에게 "목숨을 건질 수 있는 마지막 기회를 주겠다"라면서 한 가지 과제를 냈다. 어릿광대는 왕에게 바칠 팔찌에 단 세 마디를 사용하여 기쁠 때는 슬픔을 주고 슬플 때는 기쁨을 주는 말을 새겨넣어야 했다.

어릿광대는 팔찌에 어떤 말을 넣었을까?

| 단서 |

1. 이것은 문법에 맞는 평범한 문장이었으며 왕의 기분을 언제라도 바꿀 수 있는 말이었다.
2. 이 말은 각자의 상황에 상관없이 모든 사람들에게 적용될 수 있는 말이다.
3. 이 말은 변화에 대한 일종의 예언이다.

답: 205쪽

문제 155 강을 건너는 자동차

매우 화가 난 두 사람을 태운 차가 강물 위를 떠내려가고 있다.
두 사람은 어쩌다 이런 상황에 닥치게 됐을까?

| 단서 |

1. 두 사람은 지금 낯선 곳에 와 있다.

2. 이 차는 모든 최신 기기를 갖추었다.

3. 두 사람은 지시 사항을 그대로 정확하게 따랐다.

답: 205쪽

문제 156 대국민 연설

망명한 노르웨이 왕이 영국 BBC 라디오 방송을 통해 대국민 연설을 했다. 그런데 방송국은 연설에 앞서 왁자지껄한 장터의 소리를 내보냈다.

왜 그랬을까?

| 단서 |

노르웨이 왕은 대국민 연설 전에 특정 타이틀 음악을 틀어줄 것을 요청했다. 하지만 방송국에서는 왕의 요청을 잘못 이해했다.

답: 205쪽

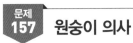

문제 157 원숭이 의사

아프리카 일부 지역에 사는 마모셋 원숭이는 원주민의 건강에
도움을 준다고 한다.
　어떻게 도움을 주는 걸까?

│ 단서 │

1. 마모셋 원숭이는 사람들에게 일종의 서비스를 제공한다.
2. 원주민이 아닌 다른 사람들이 원숭이의 행동을 본다면 거부
   감을 느낄 수도 있다.
3. 마모셋 원숭이의 식성과 관련이 있다.

답: 205쪽

문제 158 소방서의 실수

소방서의 잘못된 판단으로 희귀식물들이 전부 없어질 위기에 놓였다.

어쩌다 이런 일이 생겼을까?

| 단서 |

1. 이 희귀식물은 숲속에서 자라는 것이었다.
2. 소방서에서는 평소에 하던 대로 일을 했을 뿐이다.
3. 소방서에서는 오히려 식물을 살려줬다고 생각했다.

답: 205쪽

문제 159 흔치 않은 동상

미국의 한 마을에는 아무것도 발명하지 못한 발명가 핸슨 그레고리(Hanson Gregory)를 기념하는 동상이 세워져 있다.

왜 그의 동상을 세운 걸까?

| 단서 |

핸슨 그레고리는 사람들이 즐겨 먹는 어떤 음식을 기발하게 바꿔놓았다.

답: 206쪽

쥐는 무서워

★☆☆☆

베티는 '쥐'라는 말만 들어도 소름이 끼칠 만큼 쥐가 싫었다. 그런데 어느 날 베티의 고양이가 밖에서 '쥐'를 물고 와서는 베티의 발등 위에 올려놓는 것이었다. 끔찍한 비명을 지를 줄 알았던 베티는 아무렇지도 않게 발등에 떨어진 쥐를 들고 쓰레기통으로 가져갔다.

어떻게 된 일일까?

| 단서 |

1. 고양이가 물고 온 쥐는 살아 있지 않은 것이었다.
2. 고양이가 물고 온 쥐는 일반 가정에서 흔히 볼 수 있는 것이었다.
3. 동음이의어와 관련이 있다.

답: 206쪽

문제 161 악의에 찬 남자

한 남자가 잘 알지도 못하는 여자에게 다가가 다짜고짜 그녀의
얼굴에 주먹을 날렸다.

왜 그랬을까?

| 단서 |

1. 남자는 범죄자가 아니었으며, 처음부터 여자를 때릴 생각은
   없었다.
2. 남자는 여자를 때린 후 여자에게서 무언가를 가져갔다.
3. 남자는 자신의 편의를 위해 여자를 때렸다.
4. 남자는 무대 위에서 공연을 하고 있었다.

답: 206쪽

Brain Puzzles
멘사 추리 퍼즐 4

해답

001 여자는 새로 들여온 복사기를 사용하기 전에 복사되는 방향을 확인하기 위하여 시험 복사를 하는 중이었다.

002 벤은 통나무에 앉았다가 일어나면서 자신의 바지가 뜯어진 것을 알아챘다. 벤은 다른 사람들이 자기 엉덩이를 보지 못하도록 맨 뒤에 서서 일행을 따라왔다.

003 남자가 방금 전까지 듣다가 떨어뜨린 테이프는 표면이 따끈따끈했다.

004 두 사람이 적은 숫자는 '0부터 9까지의 숫자를 알파벳 순서대로 쓰라'는 문제의 답이었다. 부부가 모두 영어를 사용하면서도 정답이 달랐던 이유는 '0'을 의미하는 말이 달랐기 때문이다. 미국인인 남편은 '0'을 'zero'라고 했지만, 영국 사람이었던 아내는 '0'을 'nought'라고 말했다.

005 이 학생들은 모두 같은 반 친구들이었다. 그런데 반 친구 중에 한 아이가 암에 걸려, 항암치료 때문에 머리카락이 전부 빠져버렸다. 아이들은 그 친구가 소외감을 느끼지 않도록 다 함께 삭발하였다.

006 남자가 다니던 직장은 실업 사무실이었다. 남자는 해고되자마자 바로 다음 날부터 새로운 직장을 구하기 위해 예전 직장을 방문했다.

007 질은 여자 형제 이외에 남자 형제도 한 명 있으며, 그 남자 형제에게 두 명의 자녀가 있었다. 그러므로 조카는 전부 열한 명이 된다.

008 헨리 포드는 후보자가 수프를 맛보기 전에 소금이나 후추를 넣는지, 아니면 맛을 본 뒤에 간을 하는지를 확인하려 했다. 그는 추측과 선입견을 가지고 문제를 해결하려는 사람보다 먼저 상황을 분석하고 그에 맞는 처방을 내릴 줄 아는 사람을 원했기 때문이다.

009 죄수가 독방에 달린 냉수용 수도꼭지를 틀었을 때 손이 얼어붙을 만큼 차가운 물이 나왔기 때문이다.

010 경찰이 보유한 전과자 명단 중 벽돌에 남은 DNA 정보와 일부 일치하는 사람이 있었다. 해당 전과자를 조사한 결과, 벽돌을 던진 범인은 그의 형제였다.

011 이 남자는 포커 카드의 하트 킹이다. 스페이드, 다이아몬드, 클럽 킹은 모두 콧수염이 있지만 하트 킹은 콧수염이 없다.

012 부부는 경기장에서 스포츠를 관람하고 있었다. 관중석에 앉아 있던 사람들이 일제히 일어나서 파도타기 응원을 시작하자 두 사람도 응원에 동참할 수밖에 없었다.

013 남자는 아내에게 생일 선물로 축구 경기 연간입장권을 받았다. 하지만 아내는 축구에 전혀 관심이 없었기 때문에 시즌이 언제 시작하는지, 얼마나 진행됐는지조차 모르는 사람이었고, 남편이 생일 선물로 연간입장권을 받았을 때는 이미 시즌의 절반이 지나버린 뒤였다. 결국 남편은 남은 6개월 동안만이라도 좋아하는 팀의 경기를 빠짐없이 볼 수 있다는 것에 만족해야 했다.

014 남자가 탔던 차는 영국에서 생산된 자동차여서 운전석이 오른쪽에 있었다. 이것을 미처 알지 못한 경찰은 당연히 왼쪽에 앉아 있는 사람이 운전을 했을 것이라고 생각했지만 그쪽은 조수석이었다. 남자는 조수석에 있었으며, 운전을 한 사람은 오른쪽에 앉아 있던 그의 여자친구였다.

015 이 레스토랑은 선상 레스토랑이었다.

016 선생님은 학생들에게 영어 알파벳 발음을 가르치고 있었다. 한 여학생에게 "Bravo, Juliet"을 읽어보라고 시켰는데, 그 여학생은 'B'와 'J' 발음을 제대로 따라 하지 못했다. 선생님은 'B'와 'J' 발음을 제대로 알려주기 위해 다시 한번 "브라보, 줄리엣"을 말한 것이다.

017 청소부가 건드린 나무 조각은 세상에서 가장 긴 도미노에 도전하는 도미노 중 한 조각이었다. 그때까지의 세계 신기록은

총 4백만 개였고, 집주인이 수주일 동안 세운 도미노는 3백만 개였다. 그러나 청소부가 쓰러뜨린 단 하나의 도미노 조각 때문에 집주인의 노력은 물거품이 되고 말았다.

018 남자는 눈사태 속에 갇히는 바람에 방향 감각을 잃고 말았다. 하지만 무턱대고 구덩이를 팠다가는 괜히 기운만 빠져 목숨을 잃기 십상이었다. 그래서 남자는 바지를 입은 채로 오줌을 누고는 그것이 어디로 흘러가는지를 관찰했다. 물은 언제나 높은 곳에서 낮은 곳으로 흐르기 때문에 남자는 오줌이 흘러간 반대쪽으로 올라가서 눈사태를 무사히 빠져나올 수 있었다. 참고로 이것은 스키어를 위한 매뉴얼에도 안내되어 있는 내용이다.

019 문제에서 말한 방은 엘리베이터였다.

020 스파이는 경찰이 오는 날 아침 일찍 우체국으로 가서 암호 일람표를 자신의 집주소로 보냈다. 암호 일람표는 일반 우편물과 함께 며칠 뒤에 배달될 예정이었으므로 수색을 나온 경찰은 그날 스파이의 집에서 아무것도 발견할 수 없었다.

021 연극 제작자는 전화번호부를 뒤져서 유명 평론가들과 이름이 똑같은 사람들을 찾아낸 뒤, 그들에게 돈을 주고 호평을 받아 내 광고에 인용했다. 처음에는 관객들도 유명 평론가들의 이름만 믿고 연극을 관람하러 갔지만, 이 효과는 오래가지 못했다.

022 이등석을 예매했던 존과 제인 남매는 일등석에 앉고 싶은 마음에 신혼부부라고 거짓말을 했다. 신혼여행을 떠나는 사람들에게 추가 비용 없이 일등석을 제공하는 서비스를 노린 것이다. 그러나 기쁨도 잠시. 기장이 둘의 신혼여행을 축하하는 방송을 내보내자 기내에 있던 승객들이 박수를 치며 '열정적인 키스를 보여 달라'고 부추기는 것이 아닌가. 존과 제인은 당황스러웠지만 비행기에서 내릴 때까지 신혼부부 행세를 할 수밖에 없었다.

023 바로 점자이다. 원래 점자는 전쟁 중 병사들의 편의를 위해서 고안된 일종의 암호 체계였다. 바르비에는 병사들이 어둠 속에서 빛 없이 조용히 의사소통을 할 수 있는 방법을 고안하라는 나폴레옹의 명령을 받고, 돌기 형태의 점 12개를 조합하여 글자를 만드는 방식을 개발했다. 이렇게 하면 어둠 속에서도 손가락 끝의 느낌으로 글자를 읽을 수 있었다. 하지만 바르비에의 12점 방식은 배우기가 까다로웠던 탓에 군대에서 채택되지 못했다. 그 후 루이 브라유(Louis Braille)라는 맹인이 점을 6개로 줄여 간편한 형태로 만들었고, 이는 지금까지 많은 시각장애인들에게 도움을 주고 있다.

024 욕조 마개를 뽑으면 된다.

025 남자는 이미 두 다리를 절제해서 의족으로 걷는 사람이었다. 그는 등반 중에 또다시 사고를 당했지만 이번에는 미리 준비

해온 새 의족으로 교체하여 등반을 계속했고 마침내 에베레스트 등정에 성공하는 쾌거를 이뤄냈다.

026 상점에서 물건을 훔치던 경찰서장은 그곳에서 경비로 일하고 있던 부하 직원과 눈이 마주쳤다. 아무 말 없이 부하 직원을 바라보던 경찰서장은 물건을 제자리에 놓고 곧바로 상점을 빠져나갔다.

027 두 여성 모두 10파운드가 줄었다. 하지만 무엇이 줄었는지는 각각 달랐다. 파운드는 미국에서는 무게 단위로, 영국에서는 화폐 단위로 쓰이기 때문이다. 몸무게 10파운드(약 4.5킬로그램)가 줄어든 미국 여성은 날씬해졌고, 수입 10파운드가 줄어든 영국 여성은 가난해졌다.

028 여자는 또 한 번의 장례식을 치르면 그 남자를 다시 볼 수 있다는 생각에 자기 동생을 죽였다.

029 월드컵 중계방송은 전 세계적으로 많은 사람들이 시청하는 프로그램이다. 그런데 흑백 텔레비전에서는 빨간색과 파란색을 구별하기 어렵기 때문에 방송국은 시청자들의 편의를 위해 어느 한 팀이 흰색 유니폼을 입어 달라고 요청했다.

030 휴고는 어떤 여자가 자신에 대해 이상한 소문을 퍼뜨렸다는 사실을 알고 몹시 화가 났다. 그는 소문을 퍼뜨린 여자에게 복수하기 위하여 간밤에 자신의 배송 트럭을 여자의 집 앞에 세

위두었다. 이렇게 하면 동네 사람들이 그걸 보며 지난밤 이 집에 어떤 남자가 다녀갔다고 수군댈 것이 분명했기 때문이다.

031 이 수치는 미국에서 발송된 전보 횟수이다. 이메일이 생기면서 전보는 2006년에 사라졌다.

032 여자는 프랑스에서 휴가를 보내고 있었다. 마침 휴가지가 파리 근교여서 30분 만에 파리까지 오는 데 아무 문제가 없었다.

033 남자는 출판사 편집자였다. 그는 어느 작가가 보내온 소설 원고를 받았지만, 그것은 몇 장만 읽어봐도 더 이상 볼 필요가 없을 정도로 형편없는 내용이었다. 그런데 이 작가는 출판사에서 자신의 원고를 다 읽었는지 확인하기 위해 원고 사이사이에 머리카락을 끼워 넣는 사람이었다. 이런 사실을 알고 있었던 편집자는 머리카락이 다 떨어질 때까지 원고 뭉치를 탈탈 털어 낸 뒤에 원고를 돌려보냈다.

034 범인으로 몰린 남자는 할로윈 용품을 만드는 공장에서 일하는 사람이었다. 그는 자신의 손 모양을 본떠 고무로 된 '잘린 손'을 만들었는데, 정교하게 만들다 보니 남자의 지문 모양까지 그대로 본떠지게 되었다. 공교롭게도 살인사건의 진짜 범인은 그 남자가 만든 고무손을 끼고 살인을 저질렀다.

035 죽은 남자는 원주민의 생활을 연구하기 위해 홀로 아프리카에 간 연구자였다. 남자는 밀림 속에 있는 작은 오두막에서 혼자

지냈다. 그는 자주 모기에게 물렸으며, 피를 잔뜩 빨아먹고 벽에 앉은 모기를 쳐서 죽이면 핏방울이 터져 나와 흔적을 남겼다. 결국 모기에 물린 남자는 말라리아에 걸렸고, 아무도 없는 밀림 속에서 쓸쓸히 죽어갔다.

036 이 회사는 조폐국이다. 조폐국에서는 폐기할 지폐, 즉 기존의 제품을 태워서 새 지폐를 만드는 기계의 연료로 사용했다. 조폐국이므로 생산 과정에서 '돈'이 생긴 것이다.

037 산은 육지에도 있지만 바다 속에도 있다. 문제의 산은 그 꼭대기가 해수면 바로 아래까지 올라와 있는 해산(海山)이었다. 여자는 해산의 꼭대기까지 잠수해 들어가서 산 정상에 발을 딛고는 다시 수면 위로 올라왔다.

038 'UP GOES DOWN'은 털 가격이 올랐음을 알리는 기사였다. 'down'은 '아래' 이외에 '털'이라는 뜻도 가지고 있다.

039 돼지들이 송로버섯을 먹기 시작했기 때문이다!

040 웹 대령은 인공적인 기구를 전혀 사용하지 않고 약 22시간 만에 영국해협을 헤엄쳐 건넜으며, 저체온을 방지하기 위해 온몸에 돌고래 기름을 바르고 수영했다.

041 남자가 투숙한 곳은 텔아비브에 있는 호텔이었고, 마침 그날은 안식일이었다. 정통파 유대교에서는 안식일이 되면 기계를 작동시키지 않기 때문에 호텔 엘리베이터 역시 운행을 멈춰야 했다. 호텔 측은 엘리베이터 운행이 정지되기 전에 사람들이 전부 내릴 수 있도록 모든 층에서 문이 열리도록 조작했다.

042 노엘이 제시하는 엉뚱한 의견과 정반대로 실행하면 회사 매출이 향상됐기 때문이다. 때문에 회사 측에서는 노엘에게 고객 상담 업무는 절대 맡기지 않았지만, 내부 회의 시간에는 꼭 그를 참석시켰다.

043 이들은 가톨릭 교회의 신부들이었다. 신부들은 매주 일요일마다 여러 교회의 미사를 진행했다. 그들은 한곳에서 미사를 마치고 꼭 성찬용 와인을 마셔야 했고, 다음 교회까지는 차를 몰고 가야 했다. 그런데 정부가 '혈중 알코올이 측정되면 무조건 음주운전으로 간주한다'고 발표하자 신부들은 더 이상 다음 교회로 차를 운전해 이동할 수가 없었다.

044 여자는 해당 지역에 있는 공항의 관리자였다. 공항 근처에 쓰레기장이 들어서면 자연스레 새들이 모여들 것이고, 새들이 항공기 엔진에 빨려 들어가기라도 하면 새가 죽는 것은 물론이고 비행기가 추락할 위험이 있기 때문이다.

045 그는 정확하고 흔들림 없는 타를 구사하는 사람이었다. 그래서 오후에 친 공 역시 오전에 쳤을 때와 똑같은 곳에 떨어졌으나,

그 자리에는 디봇이 있었다. 디봇은 공을 칠 때 생긴 잔디가 패인 자리를 말하며, 통상 자신이 만든 디봇은 스스로 메우는 것이 골프의 매너다. 이렇게 기본적인 매너도 지키지 않은 남자는 자기가 만든 디봇 때문에 오후 경기를 망치고 말았다.

046 구두 굽을 잘라낸 여자는 마릴린 먼로였다. 그녀는 영화 〈뜨거운 것이 좋아〉(Some Like It Hot)의 기차역 장면에서 한껏 화려한 걸음걸이를 뽐내고 싶었다. 먼로는 걸을 때마다 엉덩이가 자연스럽게 흔들리도록 한쪽 구두 굽을 잘라냈고, 이것 때문인지는 몰라도 상당히 만족스러운 장면을 연출할 수 있었다. 그 뒤로 그녀는 모든 구두의 한쪽 굽을 잘라서 신었다고 한다.

047 스파이와 동료는 같은 국내선 비행기를 타기로 약속하고 서로 멀리 떨어진 좌석을 예약했다. 그들은 목적지에 도착할 때까지 눈인사 한 번 나누지 않았다. 그리고 비행기에서 내려서 짐을 찾을 때 서로 가방을 바꿔서 찾아갔다.

048 누군가를 독살했다는 의혹을 피하려면 자기가 먹는 음식에도 독을 타야 한다. 남자는 아내를 독살하기 위해 매일 조금씩 독을 먹으면서 내성을 키우는 중이었다. 그런데 독이 담긴 병의 뚜껑이 약간 헐거워지는 바람에 수분이 계속 빠져나갔고, 독약의 농도는 점점 진해졌다. 이런 사실을 까맣게 몰랐던 남자는 결국 치사량의 독을 먹어 죽고 말았다.

049 독일에는 화학 약품 공장의 화재를 담당하는 전문 소방관이 있다. 이들은 공장 안에 화재가 났을 경우, 화학 약품이 갑작스런 폭발을 일으키지 않도록 석궁으로 저장고에 구멍을 뚫어 감압시키는 일을 한다.

050 친구들은 총각 파티를 연 자리에서 곧 결혼하는 신랑에게 구속복(팔을 움직이지 못하도록 미친 사람이나 광포한 죄수에게 입히는 옷)을 입힌 채 방에 가두어버렸다. 친구들은 장난으로 한 일이었지만, 갇혀 있는 남자는 기분이 말이 아니었다. 잠시 후 남자는 자신의 들러리가 될 친구가 구속복을 잘라준 덕분에 몇 시간 만에 방에서 나올 수 있었다.

051 이들은 천사이며, 이들이 가지고 있는 '그것'은 날개이다.

052 술집에 들어온 남자들은 차에서 내린 남자에게 이렇게 말했다. "이봐요! 당신, 아까 우리가 뒤에서 밀고 있던 차에는 왜 올라탄 거요?"

053 한 사람은 신문 기사를 복사한 종이를 받았고, 다른 한 사람은 신문에 실린 기사 원본을 받았다. 복사한 종이의 뒷면은 깨끗했지만, 기사 원본의 뒷면에는 같은 날 있었던 선거에 관련된 기사가 실려 있었다. 그 뒷면에 실린 기사를 통해 날짜를 알아낼 수 있었다.

054 빈집털이범이 주인 없는 빈집을 물색 중이었다. 밥이 휴가를 떠난 사이에 이웃집에 사는 사람이 밥의 신문을 훔쳐갔고, 대문 앞에 신문이 없는 걸 본 빈집털이범은 집에 사람이 있다고 생각했다. 밥은 신문을 도둑맞았지만 덕분에 그보다 더 큰 손해를 면할 수 있었다.

055 이것은 테니스 경기의 점수를 일컫는 말이다. 테니스 경기에서는 1점, 2점, 3점을 각각 '피프틴'(15) '서티'(30) '포티'(40)라고 부르는데, 이는 매 15분마다 분침이 가리키는 시간에서 유래됐다. 3점을 '포티파이브'(45)가 아니라 '포티'라고 부르게 된 것은 40이 45보다 말하기가 편하기 때문이라고 한다.

056 여자는 간호사였다. 간호사는 쓰러져 있는 남자를 발견하고는 그가 정말 의식을 잃었는지 확인하는 중이었다. 의식이 있으면서도 쓰러진 척하는 환자를 구분하는 방법은 간단하다. 쓰러져 있는 사람의 손을 얼굴 위로 가져간 뒤 허공에서 그대로 떨어뜨리는 것이다. 의식이 없는 사람은 자기 손에 얼굴을 맞지만, 의식이 있다면 떨어지는 손을 스스로 멈추기 마련이다.

057 여자는 드레스를 고른 뒤 500달러를 현금으로 냈다. 매장 직원은 규정상 위조지폐 여부를 확인하기 위해 현금을 들고 매장 옆에 있는 은행으로 갔고, 직원이 돌아오자 여자는 이런 의심을 받아 보긴 처음이라면서 다시는 오지 않겠다는 말을 남기고 매장을 떠났다. 그런데 한 시간 뒤에 다시 돌아와 "똑같은 드레스를 찾지 못했으니 아까 사려던 드레스를 다시 사겠어

요."라고 말하며 500달러를 내밀었다. 이번에 낸 돈은 진짜 위조지폐였지만, 매장 직원은 한 시간 전에 확인한 사실을 믿고 아무런 의심 없이 위조지폐를 받았다.

058 여자가 물에 넣은 것은 주사위 노름에 사용하는 주사위였다. 납을 박아 넣은 속임수 주사위를 물속에 넣으면 무거운 쪽이 아래로 향하면서 바닥에 가라앉는다. 여자는 이렇게 해서 주사위에 이상이 없는지를 확인했다.

059 택시 기사는 손님에게 사과하며 이렇게 말했다. "정말 죄송합니다, 손님. 전부 제 잘못입니다. 실은 제가 택시 운전을 해본적이 없어서요. 지난 25년 동안 영구차만 몰았거든요." 택시 기사는 영구차를 몰던 습관이 남아 있던 터라, 손님이 갑자기 그의 어깨를 두드리자 깜짝 놀라고 만 것이다.

060 정답은 스카이다이빙이다. 1960년 8월 16일, 미국의 비행사 조지프 키팅거(Joseph Kittinger)는 10만 3천 피트(약 31.4킬로미터) 상공에 떠 있는 기구에서 뛰어내렸다. 그는 1만 8천 피트(약 5킬로미터) 상공에서 낙하산을 펼치기 전까지 자유낙하를 했으며, 최고 속도는 무려 시속 988킬로미터에 달했다. 이는 음속에 가까운 속도였다. 그는 특별한 보호 장비 없이 영하 70도에 달하는 상공의 기온을 견디며 4분 30초 동안 자유낙하했다. 아이젠하워 대통령은 그의 도전과 용기를 치하하며 표창장을 내렸다.

061 당신은 차를 멈출 수 없으며, 누군가가 차를 멈춰줄 때까지 기다렸다가 내려야 한다. 이 차는 놀이동산의 회전목마이기 때문이다.

062 손님은 방금 전에 신어본 신발이 약간 작은 듯해서 한 치수 큰 신발을 신어보고 싶었다. 그에 종업원이 창고에 가보니 한 치수 큰 신발이 없었다. 종업원은 오히려 한 치수 더 작은 신발을 들고 왔다. 손님이 그 신발을 신어보고는 "너무 꽉 낀다"고 말하자 종업원은 "죄송합니다. 손님. 한 치수 큰 신발은 여기 있었네요."라고 말하며 좀 전에 신었던 신발을 다시 내밀었다. 손님은 아까도 이 신발을 신어봤지만, 이번에는 더 꽉 끼는 신발을 신은 뒤라서 아까와는 달리 편안하게 느꼈다. 결국 손님은 원래 신었던 치수에 만족하고서 신발을 사 갔다.

063 주인은 애완동물 가게에서 산 앵무새가 집에 오자마자 심하게 기침하는 것을 보고 걱정이 되었다. 동물병원에도 데려갔지만 앵무새를 살펴본 수의사는 아무 이상이 없다고만 했다. 앵무새의 기침이 계속 마음에 걸렸던 주인은 새의 이력을 조사하게 되었고, 그 결과 흥미로운 사실을 발견했다. 앵무새는 이전 주인이었던 노부부의 기침 소리를 듣고, 그 소리를 흉내 냈던 것이다.

064 나이트클럽 주인은 스트립쇼를 할 수 있는 업소로 바꾸려 했지만, 영업 허가를 받지 못했다. 이에 주인은 '아트 클럽'으로 가장해서 영업을 하기 시작했다. 주인은 들어오는 손님들에게

종이와 연필을 주면서 만약의 경우가 생기면 '누드 스케치를 하러 왔다'고 둘러대라고 했다.

065 남자는 여자의 전화번호를 저장해두었던 휴대전화를 잃어버리고 말았다.

066 염소는 야생 커피나무의 열매를 먹고 흥분해서 날뛰었다. 이것을 본 목동이 커피 열매를 물에 넣고 끓여서 먹게 된 것을 시작으로 커피 문화가 탄생했다.

067 아메리카 원주민 부족이 살고 있는 마을에 새로운 이주민들이 나타났다. 원주민들은 낯선 자들을 몰아내기 위해 전사의 복장을 하고 온몸에 페인트를 칠한 채 '전사의 춤'을 춰서 이주민들을 위협하려 했다. 그러나 난생 처음 써본 페인트에 진사(붉은 결정체로 수은의 원광) 성분이 들어 있는 사실을 몰랐던 원주민들은 피부를 통해 흡수된 수은에 중독되어 죽고 말았다.

068 남자가 다이아몬드를 집어넣은 곳은 수은이 담긴 시험관이었다. 남자는 불투명한 수은 속에 다이아몬드를 넣으면 보이지 않을 줄 알았지만, 둘의 밀도 차이 때문에 다이아몬드가 수은 위로 떠올랐다. 다이아몬드는 수은에 용해되거나 반응하지 않지만, 수은보다 밀도가 낮기 때문이다.

069 범인은 농장에서 키우는 숫염소였다. 새 차 주위를 어슬렁거리던 숫염소가 반짝반짝 빛나는 자동차에 비친 제 모습을 보고

는 자기 영역을 침범한 경쟁자로 착각한 나머지 있는 힘껏 뿔로 들이받은 것이다.

070 깊은 바다 속을 잠수하던 여자가 침몰한 배를 발견하고 배의 현창을 통해 안을 들여다보았다. 권총을 쥐고 있는 남자와 카드를 들고 있는 남자는 배에 갇혀 죽은 선원이었다. 배가 침몰해 머지않아 죽을 것임을 알았던 두 남자는 카드놀이에서 이긴 사람에게 단 한 발 남은 총을 주기로 했다. 이긴 사람은 권총을 쏴서 고통을 덜었고, 진 사람은 서서히 차오르는 물에 잠겨서 고통스럽게 죽어갔다.

071 자동차를 도난당한 남자는 차를 빨리 찾고 싶은 나머지 "차 안에 어린 딸이 타고 있었다"고 거짓 신고를 했다. 도난 신고에 실종 신고까지 받은 경찰의 발 빠른 대응으로 남자는 금방 차를 찾을 수 있었다. 그러나 남자는 허위신고죄로 기소되었다.

072 금성으로 가면 소년의 꿈을 이룰 수 있다. 금성은 한 해의 기준이 되는 공전이 하루의 기준이 되는 자전보다 더 빠르다. 이렇게 되면 금성에서는 하루가 일 년이 되므로 일 년 내내 생일인 셈이다!

073 은행에서 노래를 부른 남자는 유명한 테너 카루소(Caruso)였다. 카루소는 수표를 현금으로 바꾸기 위해 뉴욕 은행에 들렀지만 마침 신분증이 없었다. 은행 직원이 신분증을 요구하자 신분증이 없으니 대신 노래를 부르겠다며 오페라 아리아를 불렀다.

특유의 풍부한 음성을 자랑하는 카루소의 목소리를 알아들은 은행 직원은 그에게 현금을 내주었다고 한다.

074 남자는 청력에 문제가 있었지만, 돈이 아까워서 보청기를 사지 않았다. 그 대신에 보청기와 비슷해 보이는 끈의 한쪽은 귀에 꽂고 나머지 한쪽 끝은 주머니에 넣고 다녔더니, 그에게 말을 거는 사람들마다 큰 소리로 말했다. 남자는 끈 하나만으로 보청기와 비슷한 효과를 얻었다!

075 남자는 자신의 이름을 '뽑을 사람이 없다'로 바꿔서 선거에 출마했다.

076 남자는 크리스마스 공포증이 있었다. 미국에 사는 남자는 크리스마스를 피하기 위해 날짜변경선을 넘어가는 여행을 택했다.

077 남자는 달에 착륙한 우주비행사였다. 산소가 없는 곳이니 불이 붙을 리가 없다.

078 남자는 달 탐사 대원이었다. 달에 있는 바다를 가리켜 마레 (mare)라고 하며, 마리아(maria)는 마레의 복수형이다. 남자는 달 표면에 있는 바다 이곳저곳을 탐사하러 간 것이다.

079 18일이면 달팽이는 우물을 빠져 나갈 수 있다. 밤새 미끄러지는 거리를 고려하면 하루에 1미터밖에 올라가지 못하지만, 18일째가 되면 낮 동안 우물 꼭대기에 다다르게 된다.

080 줄다리기 선수들은 둥치가 굵은 나무 둘레에 줄을 묶어 힘껏 잡아당겼다. 이렇게 하면 작용 – 반작용의 법칙에 따라 여덟 명이 잡아당긴 힘과 같은 힘이 반대방향으로 작용한다.

081 디자인을 의뢰한 남자는 꼭 아는 척을 하면서 한 가지라도 꼬투리를 잡아야만 직성이 풀리는 사람이었다. 이러한 사실을 알고 있는 그래픽 디자이너는 일부러 잘못된 부분을 남겨두었고, 의뢰인은 이 부분을 지적하고는 더 이상 디자인에 대해 간섭하지 않았다.

082 아르키메데스는 렌즈로 태양빛을 모아서 거울로 이 빛을 반사시켰다. 나무로 만들어진 로마의 군함과 돛대는 반사된 빛을 받아 불에 타서 침몰했다.

083 남자는 청부살인업자였다. 자신의 실력을 제대로 발휘하면 못 잡을 새가 없었지만, 그렇게 되면 자신의 직업에 대해 의심을 받을 것이 분명했다. 그래서 남자는 일부러 새를 피해서 총을 쐈다.

084 재판장은 살인 사건의 배심원으로 참석한 사람들에게 어떤 언론매체도 참고하지 말 것을 요청했다. 그런데 배심원 중 한 여자가 신문을 사서 읽었다는 사실이 밝혀지자, 재판장은 2천만 원이라는 벌금형을 내리고 재심을 명했다.

085 이것은 19세기 태즈메이니아의 황야 한가운데에 자리한 죄수 유형지에서 있었던 일이다. 탈출을 시도하는 죄수들은 황야를 벗어나는 동안 먹을 음식을 마련하기 위해 감옥에서 배급하는 빵을 모아두는 경우가 많았다. 감옥에서는 탈옥을 계획하는 죄수들의 식량 보급원을 차단하기 위해 쉽게 상하는 빵을 만들었다.

086 깃털은 새끼들의 뱃속에 들어간 티끌이나 자갈, 철사 같은 이물질을 다시 토해내도록 도와준다. 어미 새는 새끼들이 뱃속 이물질을 안전하게 게워낼 수 있도록 깃털을 먹였다.

087 렌터카 대여업자는 렌터카의 타이어를 원래의 규격보다 작은 것으로 바꿔놓는 사기를 쳤다. 둘레가 작은 타이어는 회전수가 많아지기 때문에 계기판에 나타난 주행거리가 더 길어질 수밖에 없었다.

088 유명한 코미디언이었던 W. C. 필즈는 돈 없고 배고프던 시절에 친구와 함께 상점에서 먹을 것을 훔쳤다. 상점의 출입문은 열릴 때마다 종이 울렸는데, 필즈는 친구를 찻길에 눕게 하고는 달려오는 차가 경적을 울릴 때에 맞춰서 상점의 문을 열었다. 그러면 종소리가 경적 소리에 묻히고, 필즈는 들키지 않고 물건을 집어 들고 나올 수 있었다.

089 남자를 붙잡은 사람은 경찰이 아니라 경찰로 변장한 범죄자였다. 그는 남자의 면허증에 적힌 집주소를 확인한 뒤, 공범에게

정보를 주었다. 그들은 남자가 집에 돌아올 시간을 계산해서 범행을 저질렀다.

090 트렁크 안에 꼬마가 숨어 있었다. 꼬마는 트렁크에 실린 가방의 자물쇠를 따서 보석을 훔쳐갔다.

091 심장 수술을 받은 환자들 중 '수술 도중에 유체이탈을 경험했다'고 말하는 사람들이 있었다. 그들의 말에 따르면 몸에서 영혼이 빠져나와 공중에 떠서 수술대에 누워 있는 자신의 모습을 봤다고 했다. 이러한 환자들의 주장이 진실인지를 확인하고 싶었던 의사는 카드에 적힌 글자가 무엇인지를 물어보기 위해 선반 위에 카드를 올려두었다.

092 벤 호건은 아일랜드에 아무런 연고가 없었다. 그의 고향은 미국 텍사스 주에 있는 더블린이기 때문이다.

093 남자가 받은 물건은 '100개들이 성냥 한 갑'이었다. 광고에서 말한 '라이터'(lighter)는 말 그대로 불을 켜는 도구였던 것이다.

094 이것은 긴 단어를 두려워하는 '긴 단어 공포증'을 말하며, 영어로는 'hippopotomonstrosesquipedaliophobia'라고 한다.

095 여자는 다리를 절며 고통스러워 하는 배역의 오디션을 준비하는 배우였다. 여자는 발에 꼭 끼는 신발을 신은 덕분에 한층 자연스러운 연기를 할 수 있었다.

096 저지 섬의 주요 산업은 어업이다. 이곳의 남자들은 그물 손질에 능숙했기 때문에 뜨개질을 잘했고, 날씨가 좋지 않아 바다에 나갈 수 없는 날이면 집에서 뜨개질을 하는 남자들이 많았다. 그러나 날씨가 좋아져도 바다에 나갈 생각은 않고 집에서 뜨개질만 하는 남자들이 생겨나자 정부에서 이를 막기 위해 남자들의 뜨개질을 금지한 것이다. 조금 황당하긴 해도 이 법령은 한 번도 폐지된 적이 없다고 한다.

097 십대 청소년은 성인보다 가청 주파수 영역이 훨씬 높다. 노인센터 소장은 이 점을 이용해 높은 주파수의 소음을 내는 기계를 설치했다. 고등학생들은 시끄러운 소음을 견디지 못해 노인센터를 빠져나갔지만 노인들의 귀에는 이 소음이 들리지 않았다.

098 신문기사에는 여배우의 집에 도둑이 들어 2백만 달러짜리 보석을 훔쳐갔다는 내용이 실렸지만 제인은 이것이 거짓이라는 것을 알고 있었다. 그녀가 바로 보석을 훔친 장본인이었고, 알고 보니 훔친 보석은 아무 가치도 없는 가짜였기 때문이다. 진실을 알고 있는 제인은 속이 탔지만 자기가 보석을 훔친 범인인지라 아무 말도 하지 못한 것이다.

099 마약 거래상은 다락방에서 대마초를 키우느라 난방 장치를 켜두었고, 실내의 열기로 인해 지붕의 눈이 모두 녹아버렸다. 이웃 사람은 폭설이 내린 뒤에도 눈이 쌓이지 않은 집을 발견하고 이를 이상하게 여겨 경찰에 신고한 것이다.

100 알바니아에서는 고개를 끄덕이면 '아니요'라는 뜻이고, 고개를 가로저으면 '예'라는 뜻이다.

101 스포츠용품점 주인의 도움으로 탁구공 수만 개를 구해서 침몰한 배에 밀어넣었다. 그러자 안에 있던 물이 빠지면서 배가 수면 위로 떠올랐다.

102 벤은 우주비행사였다. 무중력 상태에서는 척추가 늘어나기 때문에 우주비행사의 옷은 이러한 점을 감안해서 만들어진다.

103 이들은 장터를 돌며 깡통 쓰러뜨리기 게임을 광고하는 바람잡이였다. 이 게임에서는 높이 쌓여 있는 깡통을 한 번에 쓰러뜨리면 경품으로 곰 인형을 주었는데, 실제로 도전해보면 깡통을 쓰러뜨리는 것은 거의 불가능에 가까웠다. 그런데도 곰 인형을 들고 게임장 주변을 계속 어슬렁거리는 남녀가 보이자 사람들은 이들이 게임에 이겨 곰 인형을 타고도 다시 게임에 도전하려는 것으로 생각했다. 게임이 쉬울 거라고 생각하게 만들려는 주인의 속셈이었다.

104 "헬로"라는 말에는 지옥이라는 뜻의 '헬'(hel)이라는 단어가 들어 있다. 때문에 수도회는 '지옥'이 아니라 '천국'이라는 말이 들어 있는 "헤브노"(heaven-o)라고 인사할 것을 권장했다.

105 부유했지만 아무도 믿지 못했던 남자는 가지고 있던 재물을 누구에게도 맡기지 못한 채 혼자서 많은 양의 금괴를 허리에

두르고 있었다. 그는 눈앞에 구명보트를 두고도 금괴의 무게를 이기지 못해 바다 속으로 가라앉고 말았다.

106 처음에는 작은 시계와 주문용지를 선물로 보내다가, 나중에는 시계 대신 볼펜을 증정했다. 볼펜을 받은 고객들은 선물 받은 볼펜으로 주문용지를 살펴보며 또 다른 주문을 하는 일이 많아졌다.

107 남자는 헬륨 풍선에 권총을 매단 다음 무릎을 꿇고 위에서 아래쪽을 향해 방아쇠를 당겼다. 남자가 사용한 권총은 풍선에 매달려 현장에서 사라졌고, 흉기가 남아 있지 않은 사건은 누가 봐도 자살이 아닌 타살로 보였다.

108 이 이야기는 윈스턴 처칠이 고위층들의 사교 모임에 참석했을 때의 일이다. 이 집의 안주인은 한 손님이 식탁에 놓인 진귀한 소금통을 자기 주머니에 슬쩍 넣는 모습을 보고 어떻게 말을 꺼내야 할지 몰라 고민하는 중이었다. 안주인의 이야기를 들은 처칠은 "걱정 마십시오"라고 말한 뒤에 사라진 소금통과 비슷한 소금통을 자기 주머니에 집어넣고는 소금통을 훔친 손님에게 다가가 이렇게 말했다. "이봐요, 나도 여기 하나 가져오긴 했는데 아무래도 누가 우릴 본 것 같소. 그러니 어서 제자리에 가져다 놓읍시다."

109 남자는 맞은편 집에서 여자의 집을 감시하고 있던 경찰이었다. 남자는 여자의 집 부엌에서 연기가 피어오르는 것을 보고 전

화를 걸어 부엌에 불이 난 것 같다고 알려주었다. 하지만 덕분에 여자를 감시하고 있는 것까지 들켜버리고 말았다.

110 휴가에서 막 돌아온 남자는 택시에서 내리자마자 무거운 짐 가방을 집 앞에 내려놓고 옆집을 찾아갔다. 그런데 그 사이에 쓰레기 수거 차량이 와서 집 앞에 놓인 가방을 실어간 것이다.

111 말 그대로 '물고기를 먹는 사람'은 '익힌' 물고기를 먹었으며, '벚꽃 색깔 고양이'는 '흑벚꽃'과 같이 시커먼 색깔의 고양이였다.

112 그가 페어웨이로 공을 치기 전날, 갑작스레 천둥번개주의보가 내리는 바람에 대회가 중단되고 경기는 다음 날로 연기되었다. 하는 수 없이 그는 다음 경기를 위해 공의 위치를 표시해두고 돌아갔다. 그런데 다음 날, 자신이 표시해둔 러프로 돌아와 보니 어제까지만 해도 공의 진로를 가로막고 있던 나무가 번개에 맞아서 쓰러지는 바람에 골퍼가 서 있는 러프에서도 곧바로 그린으로 갈 수 있는 길이 생겼다. 그러나 그는 정정당당한 시합을 위해 새로 생긴 이점을 이용하지 않고 원래의 계획대로 페어웨이를 향해 공을 날린 것이다.

113 암에 걸린 남자가 방사능 치료를 받기 시작하자 머리카락이 전부 빠져버렸다. 스킨헤드족에게는 술을 팔지 않는 영국의 술집에서 이 남자를 스킨헤드족으로 오해한 것이다.

114 페인트통에 적힌 "Apply in two coat"는 페인트칠을 두 번 덧입히라는 뜻이었다. 케빈은 이것을 코트 두 벌을 입고 작업하라는 뜻으로 해석한 것이다.

115 캄보디아에 있는 톤레사프 호는 호수의 남쪽에 있는 메콩 강과 연결되어 있다. 이곳은 일 년 중 절반이 우기에 속하는데, 이때는 메콩 강이 범람해서 강물이 호수로 거슬러 올라온다. 그러다 건기가 되면 메콩 강의 수위가 내려가서 호수의 물이 다시 남쪽으로 흐른다.

116 미국 화폐 중에는 200달러짜리 지폐가 없다. 이 사실을 몰랐던 여자는 자신이 직접 만든 위조지폐로 물건을 사려다가 체포되었다.

117 안토니아는 원래 입기로 한 드레스를 나이 많은 가정부에게 입히고, 자신은 다른 드레스를 입었다. 무도회에 도착한 그웬돌린은 안토니아의 가정부가 자신과 똑같은 드레스를 입은 것을 보고 몹시 기분이 상했다.

118 한 조사 결과에 따르면, 헬멧을 쓰고 자전거를 탈 경우 자동차에 치일 확률이 더 높아지는 것으로 밝혀졌다. 일반 자동차나 트럭 운전사들은 헬멧을 쓴 자전거 탑승자를 도로 주행에 노련한 사람이라 생각하고 안전거리를 유지하지 않는 경향이 있었고, 그러다 보니 사고 발생률이 높아진 것이다.

119 여자는 철부지 아들이 가게에 갔다가 깨뜨린 꽃병을 변상해주러 갔다. 이미 깨져서 쓸모도 없는 물건이었지만 여자는 물건 값을 다 지불해야 했다.

120 이 레스토랑은 손님들이 어둠 속에서 식사할 수 있도록 만들어진 곳이었다. 이곳에 온 손님들은 눈앞이 보이지 않는 어둠을 경험하기도 하고, 앞이 보이지 않는 덕분에 오로지 음식의 맛에 집중하며 식사를 즐길 수 있었다. 웨이터가 남자에게 시계를 풀어달라고 부탁한 이유는 남자 시계의 형광빛이 너무 환했기 때문이었다.

121 탐험가는 구조를 기다리는 동안 탈수 상태를 방지하기 위해 물만 마셨고, 그 밖의 다른 음식은 먹지 않았다. 그렇게 며칠이 지나자 남자의 몸무게는 점점 줄어들었고, 날씬해진 남자는 가까스로 암벽 틈에서 빠져나올 수 있었다.

122 이 회의는 UN의 주도하에 이루어졌다. 원래의 기사는 '유엔이 주도했다'는 뜻의 'UN-organized'였으나, 신문사 편집자의 실수로 'UN'의 대문자가 소문자로 씌었고 단어 사이의 하이픈 부호가 누락되어 '조직적이지 않다'라는 뜻의 'unorganized'로 표기되었다. 그래서 기사가 전혀 다른 내용으로 바뀌어버린 것이다.

123 호텔 욕실에는 이리저리 구부릴 수 있는 샤워 호스가 달려 있었다. 남자는 이 샤워호스를 떼어다가 물을 가득 받은 세면대

의 하수관에 꽂았다. 그리고 얼굴을 물속에 담근 채 샤워호스를 입에 물고 하수관을 통해 들어온 공기로 숨을 쉬었다. 연기가 욕실까지 들어왔지만 세면대를 채운 물과 하수관에는 들어가지 않았기 때문에 남자는 질식사를 면할 수 있었다.

124 바람을 피운 남편과 이혼하기로 한 여자는 이혼함과 동시에 이 집에서 나가기로 했다. 하지만 이대로 물러서기에는 너무 억울했던 나머지 여자는 고약한 냄새를 풍기는 정어리를 커튼 봉에 잔뜩 쑤셔넣고 갔다. 전남편과 그의 새 여자친구는 지독한 냄새 때문에 괴로워했지만 커튼 봉에 문제가 있으리라고는 상상도 하지 못했다.

125 가까운 외국으로 가는 할인 항공권을 구입한 패트릭은 공항에서 출국 수속을 밟은 뒤 출국 라운지로 들어섰다. 그는 공항에 있는 면세점에서 크리스마스 선물을 장만하여 항공권보다 더 많은 금액을 아낄 생각이었다. 쇼핑을 마친 패트릭은 비행기 출발 시간이 지나기를 기다렸다가 탑승 수속 데스크로 가서는 "비행기를 놓쳤어요"라고 말했다. 그날은 같은 곳으로 출발하는 비행편이 없었으므로 공항 직원은 패트릭을 집으로 돌려보냈고, 그는 원래의 목적대로 알뜰 쇼핑에 성공했다.

126 남편은 한 번도 물고기를 잡아온 적이 없었다. 만약 낚시를 가지 않고 바람을 피웠다면 거짓말을 한 게 마음에 걸려서라도 가끔은 물고기를 사 왔을 것이다!

127 남학생은 프랑스어 수업 시간에 영어로 욕을 했다. 선생님은 프랑스어 시간에는 프랑스어만 쓰기로 한 규칙을 어긴 학생에게 벌을 주었다.

128 줄타기 곡예사였던 여자는 이날도 높은 계곡 위에서 줄을 타고 있었다. 그때 여왕벌 한 마리가 여자의 콧등에 앉았고, 뒤이어 여왕벌을 쫓아 몰려온 벌떼들이 여자의 눈앞에서 윙윙거리자 중심을 잃은 여자는 그만 높은 외줄에서 떨어져 죽고 말았다.

129 남자의 차는 빈티지 카(고급 클래식 자동차)였다. 그래서 무연 휘발유를 주유하긴 하지만 엔진에 무리가 갈 경우를 대비해서 극독에 해당되는 납이 함유된 화학 약품을 들고 다니면서 자동차 연료통에 부어주었다.

130 해고된 사람은 건설 현장에서 일하는 직원이었다. 그는 손수레를 밀 때마다 '삐-익… 삐-익… 삐-익…' 하는 소리가 난다고 불평을 했다. 하지만 사장은 손수레를 부지런히 밀며 일했다면 '삑 삑 삑 삑' 하는 소리를 들었을 것이라고 생각해 이 직원을 게으르다 판단하여 해고했다.

131 재킷 소매에 작은 단추가 달린 이유는 옷소매로 콧물을 닦는 남자들의 나쁜 버릇을 방지하기 위해서이다.

132 조종사들은 비행을 나갈 때마다 여러 가지 전기 장비들이 연결된 헬멧을 쓴다. 이렇게 무거운 헬멧을 오랫동안 쓰다 보면 자연스럽게 목 근육이 발달해서 목이 굵어질 수밖에 없다. 그러므로 상대적으로 굵은 목에 맞는 셔츠(남성 셔츠의 사이즈는 목둘레에 따라 결정된다)를 골라야 하므로 자신의 체격보다 헐렁한 셔츠를 입게 되는 것이다.

133 완전 초보에 똑똑하지 못했던 도둑은 손가락 끝이 뚫린 장갑을 끼고 도둑질을 했다.

134 빵집 직원들은 파이 접시를 뒤집어 서로에게 던지며 주고받는 놀이를 했고, 이것을 계기로 프리스비(던지고 받는 원반 모양의 플라스틱)가 탄생했다.

135 제2차 세계대전 당시 영국은 자국의 레이더 보유 사실이 독일군에 알려질 것을 염려했다. 고민하던 영국군은 영국 공군이 어둠 속에서도 독일군 비행정을 추적할 수 있는 비결은 조종사들이 당근을 많이 먹어서 시력이 좋기 때문이라는 헛소문을 퍼뜨려 독일군을 교란시킬 계획을 세웠다. 이때부터 '당근이 눈에 좋다'는 말이 생겼다.

136 이것은 린든 존슨이 패기로 가득 찼던 청년 시절의 이야기이다. 고향인 텍사스에서 워싱턴 D.C.로 거처를 옮긴 린든 존슨은 인맥을 넓히기 위해 많은 정치인과 애널리스트를 만나야 했다. 그들과 이야기를 나누기 전에는 항상 이를 닦고 나갔기

때문에 약속이 많은 날이면 오전 중에 다섯 번이나 이를 닦은 적도 있다고 한다.

137 피어스 브로스넌은 당시 '007 시리즈'에서 제임스 본드 역할을 맡고 있었다. '007 시리즈' 영화 제작사는 제임스 본드라는 브랜드 가치를 보호하기 위해 '다른 영화에서는 나비넥타이를 매지 않는다'는 계약 조항을 만들었다. 피어스 브로스넌은 이를 지키기 위해 나비넥타이를 매지 못하고 풀어헤친 채로 〈토마스 크라운 어페어〉에 출연했다.

138 이것은 수영복이다.

139 빅토리아 시대에는 주방에 고슴도치를 키웠다. 고슴도치가 주방에 있는 바퀴벌레며 애벌레 같은 징그러운 벌레들을 잡아먹었기 때문이다.

140 러시아 기자는 자신의 고향에서 기근을 겪어본 사람이었다. 중국 공항에서 도시로 이동하는 길에 서 있는 나무들은 고향에서 기근을 겪을 때 봤던 나무들처럼 잎사귀 하나 없이 말라 있었다. 기근을 겪어본 적이 없는 서방 세계의 기자들은 잎사귀 없는 나무를 보고도 그것이 무엇을 의미하는지 알지 못했다.

141 럭비 경기가 열린 날은 아일랜드의 인구 조사 기간 중의 하루였다. 리머릭 시는 이번에 인구가 적게 조사되면 '시'(市)로 인

정되는 인구수에 미달되어 '시' 자격을 박탈당할 수도 있었다. 그런데 마침 더블린에서 열린 럭비 경기를 보기 위해 많은 리머릭 시민이 외출한 상태였고, 시민들이 그날 저녁때까지 집으로 돌아가지 않으면 인구가 제대로 집계되지 못할 상황이었던 것이다. (영국과 아일랜드는 일요일 저녁때 집에 머무르는 사람을 기준으로 해당 지역의 인구를 산출한다.)

142 남자는 '7'이라는 숫자를 적을 때 그만 중간에 획을 긋는 유럽식 표기 방식 '7'을 쓰고 말았다.

143 제2차 세계대전이 한창이던 1943년에 신원 미상의 한 남자가 폐렴으로 쓰러진 채 해변에 죽어 있었다. 영국 정보부는 독일군을 따돌리는 데 이 시체를 이용하기로 하고 비밀리에 작전을 실행했다. 연합군은 시칠리아 해안에 상륙할 계획을 세운 다음 독일군의 시선을 돌리기 위해 남자의 시체와 가짜 기밀문서를 스페인의 사르데냐 해안에 버려두었다. 버려진 시체는 추락사한 영국군 장교로 위장되어 영국군의 의도대로 맡은 바 임무를 충실히 수행했다. 이 시체를 본 독일군은 연합군의 세력이 스페인으로 진격할 거라 착각하고 시칠리아에 있던 군대를 모두 스페인으로 배치했다가 결국 참패했다. 이 사건은 〈존재한 적 없는 사나이〉(The Man Who Never Was)라는 영화로 만들어지기도 했다.

144 중국 정부는 재개발을 진행하기에 앞서 주민들을 이주시켜야 했다. 그래서 결혼한 부부에게는 침실이 두 개 있는 아파트를

주고, 독신이나 이혼한 사람들에게는 침실이 한 개 있는 아파트를 지급했다. 결혼한 부부들은 이 점을 악용해 보상을 받기 전에 이혼한 뒤 보상을 받고 나서 '재결합'했고, 남는 아파트 하나를 임대해서 부수입을 챙겼다. 얼마 지나지 않아 이를 눈치챈 당국은 단속에 나섰다.

145 이것은 레이 찰스(Ray Charles)가 막 밴드 활동을 시작했던 1950년대의 이야기이다. 그는 앞을 못 보는 장님이었기 때문에 출연료를 쉽게 확인하기 위해 돈을 받을 때 반드시 1달러짜리로만 받았다. 훗날 그는 음악가로서 대성공을 거둔 백만장자가 되었다.

146 모차르트는 〈아이네 클라이네 나흐트무지크〉를 5악장으로 구성하여 작곡했지만 오늘날에는 4악장까지의 악보만 남아 있다. 현재 이 음악의 5악장이 어떤 음악인지 들어본 사람은 아무도 없다.

147 중세 시대에는 아직 숨을 거두지 않은 사람을 매장하는 일이 종종 있었다. (일부러 그런 것이 아니라 숨이 끊어진 줄 알고 매장한 것이다!) 때문에 사람들은 죽은 이의 손목에 가는 끈을 묶고 그들이 깨어나면 사람들에게 알릴 수 있도록 그 끈의 다른 쪽 끝을 공동묘지에 있는 종에 묶어놓았다. 여자는 오빠가 죽고 나서 집안의 재산을 물려받았다가 오빠가 살아 돌아오자 더 기뻐한 것이다.

148 키프로스는 독특한 역사적 배경으로 인해 그리스계와 터키계가 오랫동안 반목해온 곳이다. 끊임없는 유혈 사태와 복수의 방법으로 암살과 독살 사건이 많이 일어났다. 진한 커피에 독을 타면 아무도 알아챌 수 없지만, 독이 섞인 커피에 물을 약간 떨어뜨리면 쉿 하고 거품이 인다. 이렇게 커피에 물을 넣는 것으로 안전을 확인했던 습관은 이제 하나의 전통이 되었다.

149 너무 달아서 썩지도 않고 세균도 생기지 않는 식품인 이것은 바로 꿀이다.

150 온종일 성조기가 꽂혀 있는 이곳은 달의 표면이다.

151 남자는 배낭 가득 늑대를 넣어 메고 가다가 변을 당했다.

152 죄수들은 돌덩어리를 터널 안에 숨겼다. 몰래 반입한 나일론 자루에 부서진 돌덩어리를 담고, 매일 간수가 오기 전에 터널 속에 숨긴 것이다. 터널이 완성되자 죄수들은 안에 숨겨둔 자루를 감방으로 빼낸 뒤 터널을 통해 탈출했다.

153 화물선에는 목욕용 장난감인 플라스틱 오리가 수백만 개 들어 있었다. 배가 침몰하며 쏟아져 바닷물 위를 떠다니던 장난감이 해류를 따라 이동했고 과학자들은 여러 해안 지대로 오리 장난감이 떠내려오는 경로를 통해 대서양 해류의 방향과 속도에

관한 정보를 얻을 수 있었다.

154 어릿광대는 왕에게 바칠 팔찌에 이렇게 새겼다. "다 한때일 뿐이다."

155 두 사람은 위성 네비게이터를 켜놓고 운전을 했다. 네비게이터는 최단거리 경로라며 강을 건너라고 안내했지만, 그곳은 다리는 없고 나룻배로만 건널 수 있는 강이었다. 이들은 기계가 알려주는 대로 갔을 뿐이고, 어쩌다 보니 자동차로 직접 강을 건너게 된 것이다.

156 노르웨이 왕은 연설 전에 '팡파르'(fanfare)를 틀어달라고 요청했지만, 방송국 음악 자료실 직원은 팡파르를 '펀 페어'(fun fair. 즐거운 장터의 소리)로 잘못 알아듣고 엉뚱한 음악을 내보냈다.

157 머리 위에 마모셋 원숭이를 얹어두면 원숭이가 머릿니를 모두 잡아먹는다. 원주민들이 현명한 걸까, 원숭이가 영리한 걸까?

158 이 희귀식물은 지구에서 가장 큰 식물인 세쿼이아 삼나무이다. 세쿼이아 삼나무는 본래 껍질이 두껍고 불에 강하기 때문에 불이 나면 다른 나무들보다 잘 견디며, 이 나무의 묘목은 주변의 나무들이 다 타고 없어져야 더 잘 자란다. 그런데 불이 날 때마다 소방대원들이 열심히 불을 꺼주는 바람에 세쿼이아가 경쟁자인 주변의 다른 나무들을 물리치고 살아남기가 어려워진 것이다. 지금은 세쿼이아 숲의 보존과 나무의 성장을 위해

의도적으로 불을 놓고 그 불길을 관리하고 있다.

159 핸슨 그레고리는 도넛에 구멍을 뚫어서 링처럼 만들어 먹는 방법을 발명했다!

160 베티네 고양이가 물고 온 '쥐'는 누군가가 버린 컴퓨터 '마우스'였다!

161 쓸데없는 오버 액션을 잘하는 노년의 남자 배우는 사람들의 이목을 끄는 장면을 위해서라면 물불을 가리지 않는 성격이었다. 그는 이날도 공연의 클라이맥스를 위해 가짜 칼과 캡슐형 피를 준비해 무대에 올랐지만, 어쩐 일인지 칼로 찔러도 '피'가 나오지 않았다. 도구를 준비하는 사람이 그만 깜박하고 캡슐을 채워놓지 않은 것이다. 그러자 남자는 갑자기 비틀거리는 연기를 하며 무대 한쪽으로 걸어가서는 가장 먼저 눈에 띈 무대 담당(남자는 이 여자가 누구인지도 몰랐다!)에게 다짜고짜 주먹을 휘둘러 피를 흘리게 만들었다. 그리고 그 피를 자기 몸과 칼에 바르고는 다시 비틀거리는 연기를 하며 무대로 돌아갔다.

옮긴이 권태은

홍익대학교 금속재료공학과를 졸업하고 세종대학교 영문학과 대학원에서 번역학을 전공했다. 멘사코리아 회원이며, 현재 번역에이전시 엔터스코리아에서 수학 및 인문 분야 전문번역가로 활동하고 있다. 옮긴 책으로《멘사 공부법》《번역학 이론》《여성 수학자들》등이 있다.

본문 그림 조형석

《동물원에서 사라진 철학자》《수학 서핑》《배우기 쉬운 한국어》《말하기 쉬운 한국어》 등에 그림을 그렸으며, '북극성'이라는 필명으로 〈진보 정치〉〈이슈아이〉 등에 시사만 화를 연재하고 있다.

멘사 추리 퍼즐 4
IQ 148을 위한

1판 1쇄 펴낸 날 2019년 2월 20일
1판 3쇄 펴낸 날 2023년 1월 25일

지은이 | 폴 슬론·데스 맥헤일
옮긴이 | 권태은
본문 그림 | 조형석
감   수 | 멘사코리아

펴낸이 | 박윤태
펴낸곳 | 보누스
등   록 | 2001년 8월 17일 제313-2002-179호
주   소 | 서울시 마포구 동교로12안길 31 보누스 4층
전   화 | 02-333-3114
팩   스 | 02-3143-3254
이메일 | bonus@bonusbook.co.kr

ISBN 978-89-6494-365-6 04410

* 이 책은《추리 퍼즐 파이널》의 개정판입니다.

• 책값은 뒤표지에 있습니다.

IQ 148을 위한
MENSA PUZZLE SERIES

영국 아마존
베스트셀러

30만부
돌파!

과학 분야
베스트셀러

멘사코리아
감수

내 안에 잠든
천재성을 깨워라!

대한민국 2%를 위한
두뇌유희 퍼즐

IQ 148을 위한 멘사 오리지널 시리즈

멘사 논리 퍼즐
필립 카터 외 지음 | 250면

멘사 문제해결력 퍼즐
존 브렘너 지음 | 272면

멘사 사고력 퍼즐
켄 러셀 외 지음 | 240면

멘사 사고력 퍼즐 프리미어
존 브렘너 외 지음 | 228면

멘사 수학 퍼즐
해럴드 게일 지음 | 272면

멘사 수학 퍼즐 디스커버리
데이브 채턴 외 지음 | 224면

멘사 수학 퍼즐 프리미어
피터 그라바추크 지음 | 288면

멘사 시각 퍼즐
존 브렘너 외 지음 | 248면

멘사 아이큐 테스트
해럴드 게일 외 지음 | 260면

멘사 아이큐 테스트 실전편

조세핀 풀턴 지음 | 344면

멘사 추리 퍼즐 1

데이브 채턴 외 지음 | 212면

멘사 추리 퍼즐 2

폴 슬론 외 지음 | 244면

멘사 추리 퍼즐 3

폴 슬론 외 지음 | 212면

멘사 추리 퍼즐 4

폴 슬론 외 지음 | 212면

멘사 탐구력 퍼즐

로버트 앨런 지음 | 252면